W0466775

FICHES RESSOURCES À PHOTOCOPIER

Une collection dirigée par
Jean-Luc Caron

Géométrie

CM1

André Michel

RETZ
www.editions-retz.com
9 bis, rue Abel Hovelacque
75013 Paris

Sommaire

Guide pédagogique et corrigés 3

- **Fiche 1**
  Bilan des acquisitions du CE2 17
- **Fiche 2**
  Observation de solides : polyèdres ou non-polyèdres 19
- **Fiche 3**
  Identifier des solides 21
- **Fiche 4**
  Reconnaissance et tracé de droites perpendiculaires 23
- **Fiche 5**
  Reconnaissance et tracé de droites parallèles 25
- **Fiche 6**
  Tracé de droites perpendiculaires et de droites parallèles 27
- **Fiche 7**
  Évaluation : solides, droites perpendiculaires et droites parallèles 29
- **Fiche 8**
  Dessin d'un solide 31
- **Fiche 9**
  Observation de solides : description de polyèdres 33
- **Fiche 10**
  Symétrie par rapport à une droite 35
- **Fiche 11**
  Reconnaissance de figures symétriques 37
- **Fiche 12**
  Compléter une figure par symétrie axiale 39
- **Fiche 13**
  Tracé de figures symétriques 41
- **Fiche 14**
  Évaluation : polyèdres, symétrie 43
- **Fiche 15**
  Les polyèdres : reconnaissance d'un patron 45
- **Fiche 16**
  Construction de polyèdres : le cube 47
- **Fiche 17**
  Construction de polyèdres : le parallélépipède rectangle 49
- **Fiche 18**
  Reconnaître et nommer des figures planes 51
- **Fiche 19**
  Décrire et nommer les quadrilatères 53
- **Fiche 20**
  Décrire et nommer les parallélogrammes 55
- **Fiche 21**
  Évaluation : polyèdres, quadrilatères, parallélogrammes 57
- **Fiche 22**
  Le cercle, le disque 59
- **Fiche 23**
  Décrire et nommer les triangles 61
- **Fiche 24**
  Reproduction de quadrilatères d'après un modèle 63
- **Fiche 25**
  Reproduction de triangles d'après un modèle 65
- **Fiche 26**
  Reproduction de quadrilatères d'après une description 67
- **Fiche 27**
  Reproduction de quadrilatères d'après un programme 69
- **Fiche 28**
  Évaluation : le cercle, les triangles, reproduction de triangles et de quadrilatères 71
- **Fiche 29**
  Reproduction de triangles d'après une description 73
- **Fiche 30**
  Construction de triangles d'après un programme 75
- **Fiche 31**
  Construire des figures de dimensions données 77
- **Fiche 32**
  Reproduction de figures complexes 79
- **Fiche 33**
  Tracé de figures géométriques : le cercle 81
- **Fiche 34**
  Construction et description de figures géométriques 83
- **Fiche 35**
  Évaluation : reproduction, construction et description de figures 85
- **Fiche 36**
  Géométrie et art 87

ISBN : 978-2-7256-2949-0

Mise en page : Lasergraphie
Direction éditoriale : Sylvie Cuchin
Édition : Adeline Guérin-Grimouille
Corrections : Gérard Tassi
Illustrations : Armelle Drouin

Dépôt légal : Avril 2010
N° de projet : 10164725
Achevé d'imprimer en France,
en avril 2010,
sur les presses de l'imprimerie Chirat.

Avant-propos

Chaque fiche de travail se présente sous forme d'un recto et d'un verso.

Le recto est prévu pour l'ensemble des élèves de la classe.

Le verso contient un travail facultatif qui ne sera fourni qu'en fonction des besoins :

– le *Pour t'aider* est destiné aux enfants ayant des difficultés à réaliser les exercices du recto ; cette aide doit leur permettre d'appréhender plus facilement la notion étudiée.

– le *Pour aller plus loin* propose des exercices présentant un plus haut degré de complexité et destinés aux élèves capables de réaliser facilement les exercices du recto ; cela leur permettra d'approfondir leurs compétences.

Ainsi organisé, l'ouvrage comporte :

– une partie destinée à tous ;

– une aide à sa réalisation en cas de besoin et un approfondissement pour ceux qui peuvent y accéder.

Il permettra ainsi une véritable pédagogie différenciée prenant en compte l'hétérogénéité de la classe.

Chaque fiche d'évaluation (une toutes les 7 séances) présente également :

– un recto contenant des exercices sur les 6 fiches d'acquisition précédentes ;

– un verso contenant le plus souvent un exercice facultatif permettant d'approfondir les capacités de l'élève et une grille d'auto-évaluation.

Fiche 1

■ Bilan des acquisitions du CE2

Cette fiche permet une évaluation sommaire des acquis du CE2.

L'élève en réalisera le recto et le verso.

Elle porte sur la reproduction du squelette d'un solide sur un quadrillage, la reconnaissance de son empreinte, sa description, le tracé sur un quadrillage du symétrique d'une figure et le tracé d'une figure.

2. On indiquera aux élèves qu'ils peuvent utiliser le papier-calque pour vérifier la justesse du tracé de la reproduction du solide.

On pourra aussi préciser que les points se trouvent sur les nœuds et que les traits devront être tracés à l'aide de la règle. Il peut également être nécessaire de dire, afin d'éviter des erreurs dans les tracés, que les traits pleins correspondent aux arêtes que l'on voit et les traits en pointillés aux arêtes cachées.

3. La difficulté réside dans la perspective de la face servant d'empreinte dans le dessin du squelette. Le choix des empreintes possibles a été fait en sorte d'éviter les erreurs.

6. Cet exercice ne doit pas poser de problème si l'élève lit attentivement les consignes. Pour l'aider, on peut lui suggérer de réaliser sur une feuille les figures proposées et de les comparer avec celle qui est tracée.

Corrigés Fiche 1

3. *L'empreinte du solide représenté est la C.*

4. *La description du solide représenté est la C.*

6. *Les consignes qui permettent de tracer la figure ABCD correspondent à la proposition n° 2.*

Fiche 2

■ Observation de solides : polyèdres ou non-polyèdres

1. Les élèves doivent classer les solides suivant le type de leurs faces : planes ou non planes.

Afin de pouvoir déterminer si un solide est oui ou non un polyèdre, il faut que l'enfant ait bien compris qu'un polyèdre *a toutes ses faces planes*. Avant d'effectuer le premier exercice, les enfants pourront manipuler utilement des objets ayant la forme de parallélépipèdes, cubes, cylindres, etc., déterminer s'ils peuvent rouler ou non et si leurs faces sont planes ou courbes.

Pour les élèves ayant des difficultés à accéder directement à cet exercice, le *Pour t'aider*, au verso, propose une étape intermédiaire entre la manipulation d'objets et l'observation de solides représentés sur le plan.

2. La difficulté dans la reconnaissance de l'empreinte réside dans le fait qu'on ne voit pas la face qui lui correspond dans la représentation des solides. Puisqu'il s'agit uniquement de retrouver l'empreinte de polyèdres, l'élève pourra se repérer assez facilement grâce à la face opposée à celle de l'empreinte, et ce malgré les effets de perspective. Pour aborder cette notion, nous proposons la réalisation d'empreintes d'objets sur de la pâte à modeler.

Les solides n° 7 et n° 11 ont des empreintes ayant une même forme : le carré. Là, l'élève devra tenir compte d'un autre paramètre : les dimensions.

Les exemples proposés devraient permettre de bien différencier les polyèdres concaves et convexes. Lors de la correction, il sera intéressant de demander aux élèves d'expliquer la différence entre ces deux types de polyèdres.

L'exercice du *Pour aller plus loin* propose des solides plus complexes, correspondant à des objets que l'on peut rencontrer.

Corrigés Fiche 2

1. *Il faut cocher les cases suivantes :*
Toutes les faces sont planes : 1, 3, 4, 7, 8, 10, 11, 12
Une face est courbe : 2, 5, 6, 9
Polyèdres : 1, 3, 4, 7, 8, 10, 11, 12
Non-polyèdres : 2, 5, 6, 9

2.

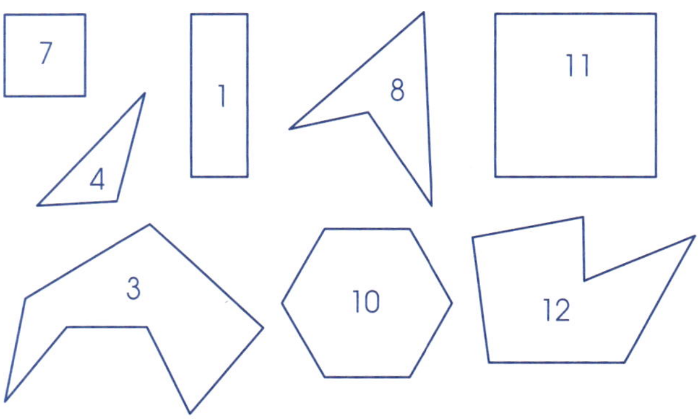

Pour aller plus loin :

Les polyèdres sont les numéros : **1**, **2**, **3**, **9** *et* **10**.

Fiche 3

■ Identifier des solides

1. Les élèves doivent reconnaître des représentations de solides ayant la même forme, mais de dimensions différentes et positionnés différemment. En cas de difficulté, l'enseignant peut demander aux élèves de travailler par deux afin de pouvoir modifier l'orientation d'une des feuilles et faciliter les comparaisons.

2. Il faut reconnaître une forme de solide, en l'occurrence un cylindre, dans un environnement que les élèves ont pu rencontrer. Les positions verticale ou horizontale, les plus probables, doivent faciliter la reconnaissance.

Le *Pour t'aider* montre qu'un même solide peut avoir plusieurs positions différentes tout en conservant sa forme. Faire pivoter la feuille permet de mieux reconnaître la forme du solide. On pourra aussi faire manipuler de « vrais » solides pour bien montrer cette particularité.

Le *Pour aller plus loin* place les élèves dans une situation familière : après des courses au supermarché. Le fait de reconnaître des produits que les élèves rencontrent quotidiennement doit leur faciliter la tâche. L'enseignant, avec l'aide des élèves, recensera les intrus et pourra en demander une description complète.

Corrigés Fiche 3

1. *Solides ayant la même forme :* **A** *et* **C**, **B** *et* **D**, **E** *et* **F**, **G** *et* **K**, **H** *et* **I**, **J** *et* **L**

Pour t'aider :
Même forme que le solide A : **2**, **3**, **5** *et* **9**

Fiche 4

■ Reconnaissance et tracé de droites perpendiculaires

Les élèves vont devoir reconnaître des droites perpendiculaires et des angles droits. Pour cela ils peuvent utiliser, si besoin, l'aide proposée au verso. Il est en effet nécessaire que les élèves sachent bien se servir d'un outil : l'équerre.

2. Cet exercice permet d'émettre des hypothèses sur la perpendicularité de deux côtés d'une figure, de la vérifier et de matérialiser l'angle droit par son symbole : un petit carré.

3. Les élèves devront procéder à des tracés de droites perpendiculaires sur un quadrillage. Pour le tracé à main levée du **a)**, les élèves peuvent utiliser la perpendicularité du quadrillage (la solution la plus évidente), mais aussi la diagonale des cases. Lors de la correction, si cette solution n'a pas été trouvée, l'enseignant la mettra en évidence. Pour le **b)**, les solutions sont multiples : on recensera les différents tracés. Pour les **c)** et **d)**, une seule solution existe. Lors de la correction, l'enseignant pourra demander de décrire oralement toutes les étapes du tracé.

Le *Pour aller plus loin* propose de reconnaître et de tracer des droites perpendiculaires sur un quadrillage lorsque les droites ne suivent pas les délimitations de ce quadrillage. Dans les deux exercices, l'utilisation de l'équerre est nécessaire.

Lors de la correction du **1.**, l'enseignant pourra demander s'il existait une stratégie permettant le tracé sans l'utilisation de l'équerre : il devrait faire émerger que l'utilisation des cases du quadrillage est une aide. Il suffit d'observer le tracé des droites et de compter le nombre de cases entre deux nœuds. Si le nombre de cases est identique, les droites sont perpendiculaires. Naturellement, pour une droite le comptage se fait horizontalement et pour l'autre verticalement.

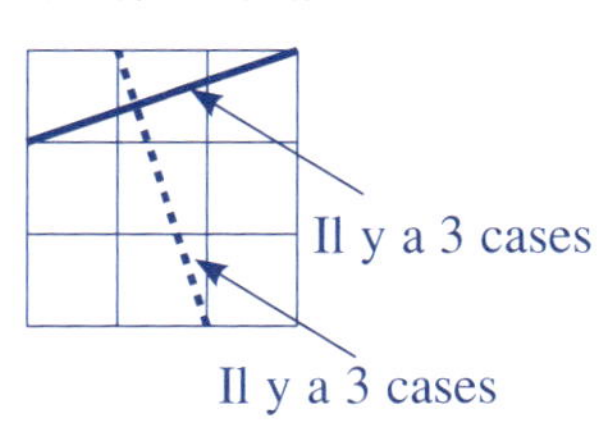

Les droites sont perpendiculaires.

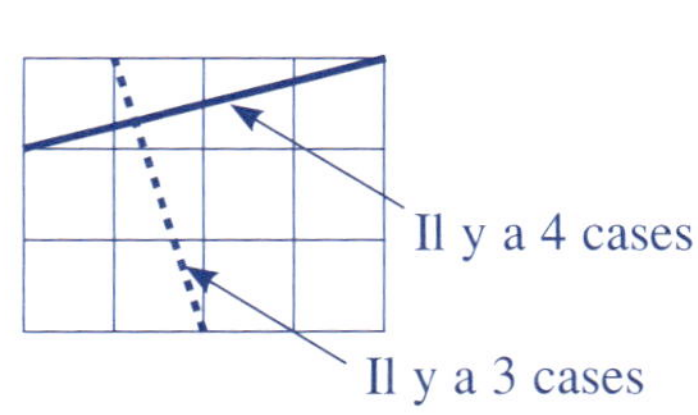

Les droites ne sont pas perpendiculaires.

Pour la réalisation du **2.**, les élèves peuvent, dans certains cas, réutiliser cette stratégie.

Fiche 5

■ Reconnaissance et tracé de droites parallèles

Les élèves vont devoir reconnaître des droites parallèles.

1. Cet exercice fait surtout appel à une visualisation de leur tracé.

On pourra aussi proposer aux élèves de prolonger les droites de chacune des figures (mises à part les droites du n° 3) grâce à deux règles et de vérifier ainsi si elles se croisent ou non.

3. On suit ici la même démarche que celle utilisée pour les droites perpendiculaires dans la fiche précédente. L'enseignant pourra effectuer un recensement des solutions proposées par les élèves et noter les étapes des tracés.

Le *Pour aller plus loin* propose de reconnaître et de tracer des droites parallèles sur un quadrillage lorsque les droites ne suivent pas les délimitations de ce quadrillage. Pour la reconnaissance, deux stratégies peuvent être utilisées : l'utilisation du double décimètre pour mesurer l'écartement ou le repérage des droites par rapport au quadrillage. Pour le **2.**, différentes stratégies sont possibles, comme pour le verso de la fiche précédente.

Fiche 6

■ Tracé de droites perpendiculaires et de droites parallèles

Dans cette fiche, les élèves devront tracer des droites perpendiculaires et des droites parallèles sur du papier uni en utilisant des outils.

1. Cet exercice permet de vérifier, à l'aide de tracés à main levée, si l'élève a bien intégré la notion de deux droites perpendiculaires :

– à partir d'un point pris sur une des droites ;

– à partir d'un point en dehors d'une des droites.

Le tracé à main levée est important car il permet d'effectuer un tracé sans se soucier des contraintes liées à l'utilisation des outils, ici l'équerre.

Pour le tracé à réaliser avec l'équerre, l'enseignant veillera au bon positionnement et à la bonne tenue de l'outil.

2. Comme pour l'exercice précédent, nous accordons une grande importance au tracé à main levée, qui permet de savoir si l'élève a bien saisi la notion de droites parallèles. Pour le tracé avec l'équerre, l'élève aura la possibilité de se reporter au *Pour t'aider* de la fiche précédente.

Le *Pour aller plus loin* propose dans le **1.** une autre méthode pour tracer des droites perpendiculaires en utilisant le compas. Ce tracé pourra être réalisé sur une feuille de papier uni. Le **2.** montre une méthode pour tracer deux droites parallèles en utilisant le compas. Ce tracé demande beaucoup de soin et de précision. Lors de la correction, l'enseignant recensera les difficultés rencontrées.

Fiche 7

■ Évaluation : solides, droites perpendiculaires et droites parallèles

Cette fiche d'évaluation porte sur la reconnaissance de solides, de leur empreinte, la reconnaissance de droites perpendiculaires et de droites parallèles et la réalisation de leurs tracés.

1. La reconnaissance de la forme des solides doit être maintenant bien connue des élèves, mais certains de ces solides figurent plusieurs fois avec des dimensions différentes : ceci peut rendre leur identification plus difficile, et de plus nous avons placé un intrus.

2. Le repérage des empreintes est facilité par la visualisation de la face supérieure, qui a la même forme que la face posée sur le sol et qui détermine l'empreinte. Une seule figure n'a pas d'empreinte : le cylindre posé horizontalement sur le sol, dont la trace peut être assimilée à une ligne droite.

3. Il importe ici que les élèves utilisent des outils pour vérifier leurs hypothèses. Lors de la correction en commun, une explicitation des moyens et des méthodes utilisés sera enrichissante.

4. Mêmes remarques que pour l'exercice précédent.

5. et **6.** Il existe de multiples solutions de tracés qui seront explicitées lors de la correction ; les élèves pourront aussi expliquer ce qui les a conduits à choisir telle ou telle procédure de tracé.

7. Ici, l'outil nécessaire est l'équerre. L'enseignant veillera à la qualité des tracés. Il pourra également faire constater qu'il existe de nombreuses figures répondant aux consignes.

Corrigés Fiche 7

1. *rouge :* **1**, **8** *; vert :* **3** *; jaune :* **2**, **4**, **5** *; marron :* **6** *; bleu :* **9** *; intrus :* **7**

2.

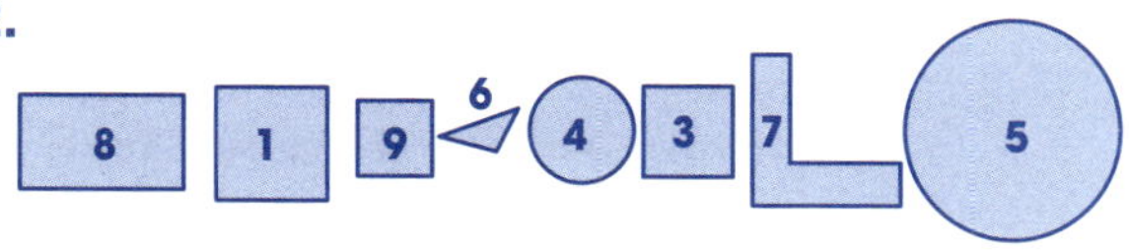

Fiche 8

■ Dessin d'un solide

Pour dessiner et mémoriser les tracés les plus répandus des squelettes de solides, l'élève doit utiliser une compétence déjà acquise : la reproduction sur un quadrillage.

2. Cet exercice nécessite une certaine rigueur. Pour cela, nous préconisons de procéder de la façon suivante :

a) repérer et marquer sur les nœuds les sommets du solide ;

b) tracer les arêtes à l'aide de la règle, en faisant attention à la nature du trait (trait continu ou trait en pointillés).

L'élève peut avoir recours au *Pour t'aider* pour le repérage.

3. Le tracé à main levée du prisme et de la pyramide permet de vérifier si l'élève a une bonne visualisation de ces deux solides. Les tracés à main levée du cube et du parallélépipède rectangle ont déjà été abordés dans le fichier CE2.

Afin d'éviter les erreurs de tracé relatifs au point de concours de trois droites, l'élève pourra se référer à la deuxième partie du *Pour t'aider*.

Le *Pour aller plus loin* propose la reproduction du squelette d'un solide plus complexe : le prisme oblique.

Fiche 9

Observation de solides : description de polyèdres

1. Le travail de description des solides s'effectue à partir de leur squelette. Il est indispensable à ce niveau que toutes les faces, toutes les arêtes et tous les sommets des polyèdres soient représentés.

Il serait utile que les élèves puissent utiliser des solides réels (objets ou solides vendus dans le commerce) pour vérifier leurs hypothèses. Ils peuvent également utiliser le *Pour t'aider*, qui donne une méthode de repérage sur la représentation du squelette d'un solide. Lors de la correction, les élèves peuvent proposer une autre méthode.

La seconde partie de l'exercice a pour but de montrer que plusieurs solides peuvent avoir une même description.

Le *Pour aller plus loin* montre que le nombre de faces, de sommets et d'arêtes est soumis à une formule mathématique. Il ne s'agit pas de la faire trouver aux élèves, mais d'effectuer les calculs demandés pour constater que la constante est 2, puis de l'appliquer pour repérer la vraisemblance d'une description de solide.

CORRIGÉS FICHE 9

1.

Polyèdres	1	2	3	4	5	6	7	8	9	10
Nombre de faces	*6*	*5*	*6*	*4*	*6*	*5*	*6*	*8*	*6*	*7*
Nombre de sommets	*8*	*6*	*8*	*4*	*8*	*5*	*8*	*12*	*8*	*10*
Nombre d'arêtes	*12*	*9*	*12*	*6*	*12*	*8*	*12*	*18*	*12*	*15*

Les cinq polyèdres ayant la même description ont les numéros suivants : **1**, **3**, **5**, **7**, **9**.

2. *Le polyèdre A a :*
9 faces
9 sommets
16 arêtes

Le polyèdre B a :
9 faces
13 sommets
20 arêtes

POUR ALLER PLUS LOIN :

Polyèdres	1	2	3	4	5	6	7	8	9	10
Nombre de faces (F)	6	5	6	4	6	5	6	8	6	7
Nombre de sommets (S)	8	6	8	4	8	5	8	12	8	10
Calcule : *F + S =*	14	11	14	8	14	10	14	20	14	17
Nombre d'arêtes (A)	12	9	12	6	12	8	12	18	12	15
Calcule : *(F + S) – A =*	2	2	2	2	2	2	2	2	2	2

C'est le polyèdre **A** *qui a été mal décrit.*

Fiche 10

Symétrie par rapport à une droite

1. L'utilisation des couleurs permet de mieux visualiser la symétrie et de repérer l'axe de cette symétrie. En cas de difficulté, il est recommandé d'utiliser le *Pour t'aider*, qui permet de mettre en évidence la symétrie ou la non-symétrie par rapport à une droite grâce à des activités de pliage.

2. Cet exercice peut être prolongé par un coloriage des cerfs-volants dont les motifs sont symétriques en respectant cette symétrie dans les couleurs.

3. Le tracé de l'axe de symétrie des trois premières figures ne présente pas de difficulté particulière puisqu'il passe par deux sommets. Cependant, l'enseignant veillera à la précision de ce tracé. Il peut également suggérer l'emploi de papier-calque pour vérifier le travail réalisé. Le tracé de l'axe de symétrie de la dernière figure est plus complexe ; s'il est facilement positionnable, son tracé précis demande cependant l'emploi de l'équerre.

Le *Pour t'aider*, de réalisation très facile, montre aux élèves comment vérifier la symétrie à l'aide d'un pliage, ce qui est très utile car notre vision ne permet pas toujours de le vérifier.

Le *Pour aller plus loin* montre que certaines figures géométriques peuvent avoir plusieurs axes de symétrie. Deux stratégies sont possibles : soit les élèves peuvent positionner, sur les dessins, les axes de symétrie et effectuer par la suite les pliages afin de vérifier leurs hypothèses, soit effectuer d'abord les pliages et dessiner les axes de symétrie. Lors de la correction, l'enseignant pourra recenser les raisons de leur choix.

Corrigés Fiche 10

2. *Les cerfs-volants dont les motifs sont symétriques sont les numéros :* **1**, **2** *et* **5**.

Pour t'aider :

oui ; non

Pour aller plus loin :

A : **4** *; B :* **1** *; C :* **1** *; D :* **6** *; E :* **2** *; F :* **4**

Fiche 11

■ Reconnaissance de figures symétriques

Dans cette fiche, les élèves doivent reconnaître des figures symétriques.

1. Il s'agit de vérifier si deux figures dessinées sur un quadrillage sont symétriques, dans le premier cas par rapport à un axe de symétrie vertical et dans le second par rapport à un axe de symétrie horizontal. Le comptage des cases est une des possibilités de vérification, mais on peut aussi répondre grâce à la seule visualisation. Bien entendu, les élèves peuvent aussi utiliser le papier-calque pour déterminer si les figures sont symétriques ou encore vérifier leurs hypothèses. Lors de la correction, il sera très intéressant de voir les stratégies utilisées.

2. Le travail sur papier uni rend la reconnaissance plus difficile ; toutefois l'acuité visuelle peut être suffisamment discriminante. En cas de doute, le papier-calque doit avoir un rôle déterminant. L'enseignant renverra, en cas de besoin, au *Pour t'aider*.

Le *Pour aller plus loin* propose de vérifier si une figure, en l'occurrence le quadrilatère 1, a des figures symétriques par rapport aux axes AB et CD. Cette fois-ci, la visualisation ne permet pas de répondre de façon certaine, et seul le calque avec pliages peut apporter la solution. Au cours de la correction, l'enseignant recensera les problèmes.

Corrigés Fiche 11

1. *oui* ❑ *non* ☑
oui ☑ *non* ❑

2. *oui* ☑ *non* ❑
oui ❑ *non* ☑

Pour t'aider :

oui ☑ *non* ❑
oui ❑ *non* ☑

Pour aller plus loin :

oui
non
oui
non

Fiche 12

■ Compléter une figure par symétrie axiale

Dans cette fiche, il s'agit de compléter une figure en utilisant l'axe de symétrie qui la traverse. Le tracé se fera en utilisant :

– un quadrillage ;

– des outils.

1. Le tracé sur quadrillage ne pose pas de difficulté majeure, l'élève devra cependant avoir en mémoire deux propriétés essentielles de la symétrie : la conservation et l'effet miroir.

2. Le tracé sur papier uni demande de se représenter le résultat final avant de procéder aux différents tracés. Un tracé à main levée pourrait constituer une aide. Nous préconisons ici une correction collective où les élèves auront à expliquer la méthode et le choix des outils utilisés.

Le *Pour t'aider* indique, dans l'exercice **1.**, le procédé pour compléter une figure sur un quadrillage : il suffit de compter les carreaux. Pour éviter toute erreur, les élèves peuvent indiquer leur nombre.

Dans l'exercice **2.**, il montre que l'emploi de l'équerre permet de faciliter le positionnement du point symétrique. Il est laissé aux élèves la possibilité d'utiliser le double décimètre ou le compas pour déterminer le point. Lors de la correction, l'enseignant essaiera de déterminer, avec les élèves, la méthodologie qui paraît la plus performante.

Le *Pour aller plus loin* propose de terminer une figure en utilisant deux axes de symétrie perpendiculaires. Un comptage rigoureux des cases doit éviter toute erreur. Une reproduction sur calque permettra de valider le tracé. Un coloriage peut être envisagé.

Fiche 13

■ Tracé de figures symétriques

Dans cette fiche, il s'agit de tracer une figure symétrique par rapport à un axe de symétrie. Le tracé se fera en utilisant :

– un quadrillage ;

– des outils.

La démarche est similaire à celle utilisée dans la fiche précédente et les remarques concernant les exercices du recto sont également valables.

Le *Pour t'aider* indique la façon de procéder pour tracer une figure symétrique par rapport à un axe sur du papier uni. L'enseignant accordera un soin particulier à la réalisation de cet exercice. L'emploi de l'équerre est nécessaire pour le tracé des droites permettant de repérer les points. En revanche, il pourra laisser le choix de l'outil pour reporter les segments : le double décimètre ou le compas.

Dans le *Pour aller plus loin*, les élèves devront, dans l'exercice **1.**, matérialiser l'axe de symétrie de deux figures géométriques, d'abord à main levée, puis avec des outils. Ainsi, ils pourront vérifier le positionnement de leur tracé à main levée et vérifier leur anticipation. Dans l'exercice **2.**, la difficulté réside dans la précision des tracés. Lors de la correction, l'enseignant listera les difficultés rencontrées et aidera les élèves à trouver des solutions pertinentes.

Fiche 14

Évaluation : polyèdres, symétrie

Cette fiche porte sur la reconnaissance de solides et sur la symétrie.

1. L'association entre solide et squelette n'est pas compliquée. Il est possible de réaliser l'assemblage avec un jeu de construction afin de mieux le visualiser. L'objectif secondaire est d'attirer l'attention des élèves sur l'utilisation de formes de solides dans la vie courante (pour la construction par exemple).

3. La recherche des axes de symétrie de la deuxième figure est plus complexe. L'emploi du papier-calque et le pliage permettent d'éviter les erreurs.

4. La reconnaissance des figures symétriques ne doit pas poser de problèmes particuliers pour les figures sur quadrillage. En revanche, celle sur papier uni est plus difficile et l'usage du papier-calque doit faciliter la tâche. Lors de la correction, une analyse pourra faire émerger les avantages et les inconvénients des différentes méthodes employées.

5. L'élève doit utiliser le quadrillage pour construire le symétrique d'un dessin par rapport à un axe horizontal.

Afin de faciliter le travail, nous préconisons de repérer les points et d'effectuer les tracés au fur et à mesure en utilisant la règle.

6. Le second axe de symétrie, vertical, devra être tracé sur la figure et son symétrique.

Corrigés Fiche 14

2. *La première description correspond aux polyèdres* **1** *et* **4**.
La deuxième description correspond au polyèdre **3**.
La troisième description correspond aux polyèdres **1** *et* **4**.
La quatrième description correspond au polyèdre **2**.

3.

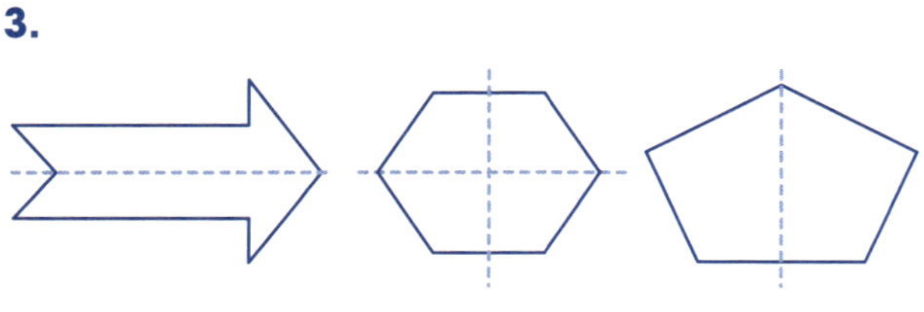

4. *non ; oui*

Fiche 15

Les polyèdres : reconnaissance d'un patron

Dans cette fiche, l'élève devra reconnaître le patron d'un solide.

2. Pour permettre à l'élève de vérifier ses hypothèses, nous recommandons, lorsque cela est possible, d'agrandir cette fiche à la photocopieuse.

L'élève pourra alors effectuer les découpages et les pliages, l'assemblage des faces par collage n'étant pas nécessaire.

L'élève pourra procéder de la façon suivante :

– repérer les solides et les patrons déjà connus ;

– pour les autres, émettre des hypothèses et vérifier par expérimentation.

Les solides 1 et 6 sont des parallélépipèdes rectangles ayant des patrons de même forme, seules les dimensions diffèrent. Cette difficulté a pour but d'affiner l'attention des élèves.

Le *Pour t'aider* a pour objet d'aider à différencier la partie supérieure de certains polyèdres (face plane ou « pointe »). Ceci devrait permettre de mieux reconnaître le patron du solide 4.

Le *Pour aller plus loin* propose une analyse plus fine des positions en tenant compte des dimensions des arêtes.

Corrigés Fiche 15

1. *Solide 1 → Patron C*
Solide 2 → Patron B
Solide 3 → Patron A
Solide 4 → Patron G
Solide 5 → Patron D
Solide 6 → Patron F
Solide 7 → Patron E

Pour t'aider :
A est le patron du solide **2**.
B est le patron du solide **1**.

Pour aller plus loin :
A est le patron du solide **2**.
B est le patron du solide **1**.

Fiche 16

Construction de polyèdres : le cube

Cette fiche propose la construction d'un cube à partir de l'ébauche d'un patron.

1. Avant de terminer le tracé de ce patron classique, l'élève devra l'effectuer à main levée afin de visualiser ce qu'il doit obtenir. La difficulté réside dans le positionnement des languettes. L'élève peut anticiper en marquant d'une flèche les arêtes communes. Il sera utile de prévoir plus de feuilles que le nombre d'élèves de la classe. Il nous paraît souhaitable pour cet exercice de laisser l'élève émettre des hypothèses et procéder éventuellement par une suite d'essais et d'erreurs successifs pour parvenir à la solution.

2. Pour le tracé du patron, l'élève utilisera les outils de son choix. Le tracé des languettes peut s'avérer assez difficile. Il faut qu'elles soient d'une largeur suffisante pour permettre un collage efficace. Là encore, l'erreur peut être formatrice.

3. Il est recommandé de lire très attentivement les consignes de construction : le fait de repasser sur les arêtes avec un crayon à papier facilite le pliage pour reconstituer le cube, et permet aussi de bien repérer les arêtes et de ne pas les confondre avec les languettes de collage.

Le *Pour t'exercer* permet aux élèves d'utiliser leurs productions en vue d'un travail de recherche : trouver le nombre de cubes nécessaires à la réalisation d'assemblages.

Le *Pour aller plus loin* propose aux élèves de rechercher les patrons qui permettent de construire un cube. L'élève pourra émettre des hypothèses, mais il nous paraît important qu'il puisse les vérifier en reproduisant les patrons sur une feuille de papier quadrillé et en reconstituant les cubes lorsque cela est possible.

Voici d'autres patrons qu'il est possible de proposer à la réflexion :

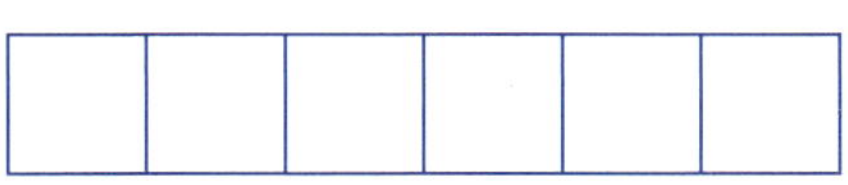

7

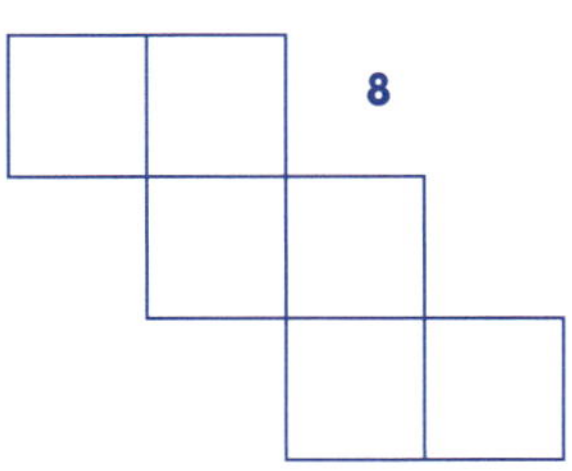

8

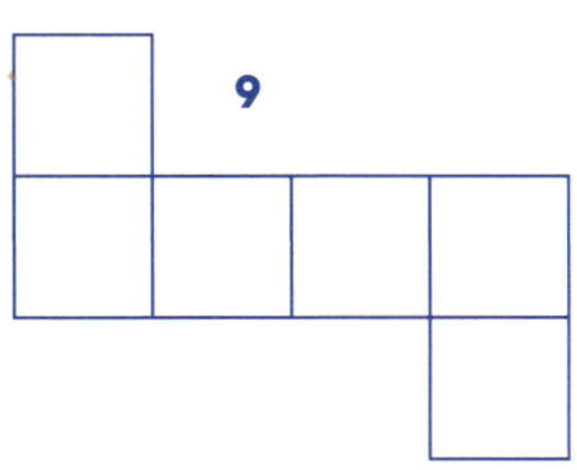

9

Corrigés Fiche 16

Pour t'exercer :

Nombre de cubes :
– assemblage n° 1 : **20** *;*
– assemblage n° 2 : **55** *;*
– assemblage n° 3 : **27**.

Pour aller plus loin :
Il est possible de construire un cube avec les patrons : **1**, **3**, **4**.

Fiche 17

■ Construction de polyèdres : le parallélépipède rectangle

La démarche suivie ici est la même que pour la construction du cube (fiche 16).

Pour aider les élèves à dessiner le patron du parallélépipède rectangle, deux faces ont déjà été tracées de façon qu'ils puissent utiliser les mesures des arêtes pour poursuivre le travail.

Pour que les assemblages proposés dans le *Pour t'exercer* soient possibles, il a fallu choisir des mesures particulières : la hauteur est la moitié de la largeur, qui est elle-même la moitié de la longueur.

Voici d'autres patrons qu'il est possible de proposer dans le *Pour aller plus loin* :

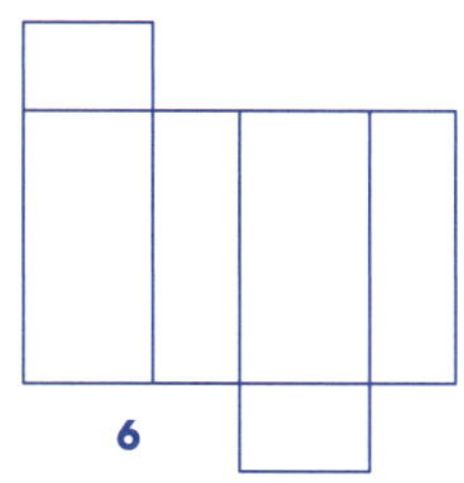

6

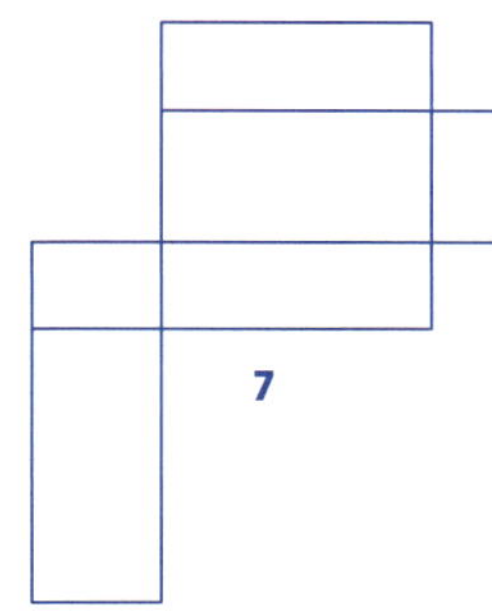

7

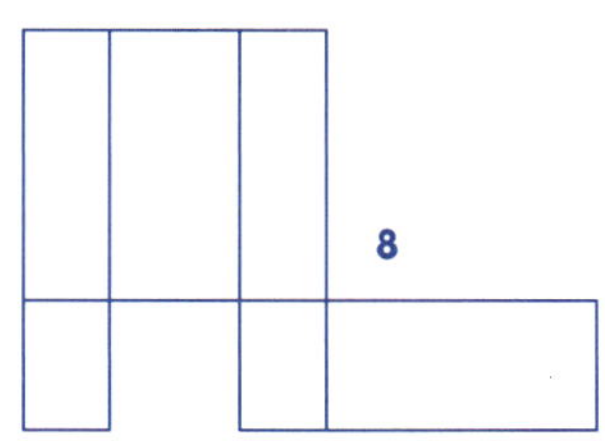

8

Corrigés Fiche 17

Pour t'exercer :

Nombre de parallélépipèdes rectangles :
– assemblage n° 1 : **48** ;
– assemblage n° 2 : **30** ;
– assemblage n° 3 : **24**.

Pour aller plus loin :
Il est possible de construire un parallélépipède rectangle avec les patrons : **2**, **3**, **4**.

Fiche 18

■ Reconnaître et nommer des figures planes

Cette fiche propose de décrire des figures planes, ces figures étant composées de côtés courbes et/ou de côtés droits.

1. Le but est ici la reconnaissance de la forme des côtés.

3. L'exercice consiste à nommer les figures n'ayant que des côtés droits. L'utilisation du dictionnaire est indispensable ; il permettra de connaître, pour chaque nom de figure proposé, le nombre de côtés de cette figure.

Les élèves pourront ainsi facilement relier les noms et les descriptions. Lors de la correction, l'enseignant pourra prolonger cet exercice par un travail de vocabulaire sur les préfixes indiquant un nombre : il fera rechercher des mots (dans le dictionnaire) ayant les mêmes préfixes.

Le *Pour t'aider* doit permettre à l'élève de mieux différencier, à l'aide des deux exemples de tracés, côté courbe et côté droit et de pouvoir décrire des figures planes.

Le *Pour aller plus loin* propose de reconnaître, dans un dessin complexe rendant la tâche plus difficile, des figures planes ayant des côtés droits. Un travail méthodique est nécessaire. Lors de la correction, l'enseignant demandera quelles ont été les stratégies utilisées afin de déterminer celle qui paraît la plus performante.

La recherche du nom de la figure non coloriée peut poser problème, les élèves ne sachant pas forcément que le préfixe *déca-* veut dire « 10 ». Pour aider les élèves, l'enseignant peut écrire le terme *décamètre* au tableau pour servir d'indice.

CORRIGÉS FICHE 18

2.

Figure	A	B	C	D	E	F	G	H	I	J	K	L	M	N
Tous les côtés sont courbes		X												
Au moins un des côtés est courbe				X	X							X		
Tous les côtés sont droits	X		X			X	X	X	X	X	X		X	X

3. **4.**

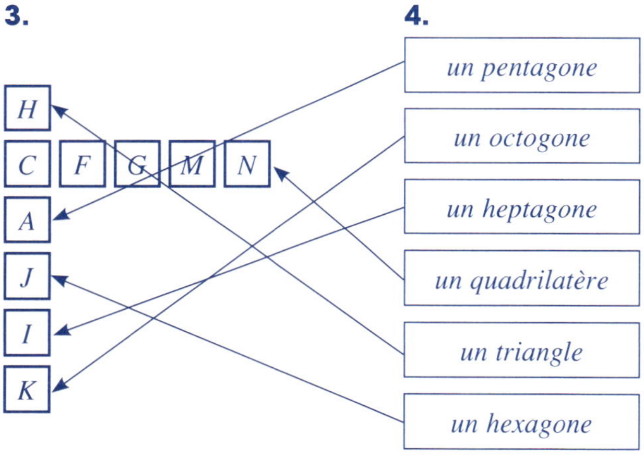

POUR T'AIDER :

figure B : **7** *côtés droits*
figure C : **1** *côté courbe,* **4** *côtés droits*

POUR ALLER PLUS LOIN :

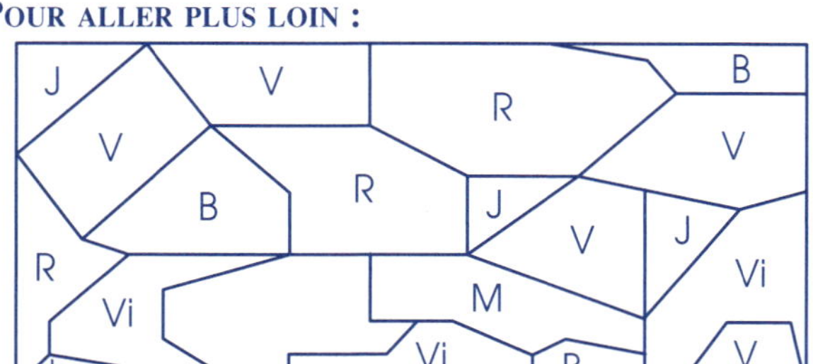

Elle a **10** *côtés.*
C'est un ***décagone****.*

Fiche 19

■ Décrire et nommer les quadrilatères

Cette fiche propose de reconnaître des quadrilatères et de les décrire. La démarche est identique à celle utilisée dans la fiche précédente.

1. La reconnaissance ne doit pas poser de problème, le nombre de côtés associé à cette nomenclature ayant été précisé dans la fiche précédente.

2. Cet exercice porte sur le positionnement des côtés (perpendiculaires ou parallèles) et sur leur longueur. Il nécessite l'emploi d'outils comme l'équerre, le double décimètre et/ou le compas. En cas de difficulté, l'élève aura recours au *Pour t'aider*.

3. Il s'agira ici de nommer le quadrilatère qui correspond à la description proposée. Pour s'aider, l'élève peut utiliser le tableau de l'exercice précédent.

Le *Pour t'aider* montre comment utiliser le double décimètre pour vérifier le parallélisme des côtés opposés et l'équerre pour vérifier la perpendicularité des côtés consécutifs. L'exercice d'entraînement permet de vérifier la bonne compréhension des dessins explicatifs.

Le *Pour aller plus loin* propose de reconnaître des quadrilatères dans un dessin complexe qui rend la tâche plus difficile. La façon de procéder sera la même que pour le *Pour aller plus loin* de la fiche précédente.

CORRIGÉS FICHE 19

1. *Quadrilatères coloriés en bleu :* **A**, **C**, **D**, **F**, **J**, **K** *et* **L**

2.

Figure	A	B	C	D	E	F	G	H	I	J	K	L
Deux côtés opposés sont parallèles	X	X	X	X		X	X		X	X	X	
Tous les côtés opposés sont parallèles	X	X		X		X	X			X		
Deux côtés consécutifs sont perpendiculaires				X		X			X		X	
Tous les côtés consécutifs sont perpendiculaires				X		X						
Deux côtés opposés ont la même longueur	X			X			X			X		
Tous les côtés opposés ont la même longueur				X						X		

3.

Description n° 1	*C*
Description n° 2	*L*
Description n° 3	*K*
Description n° 4	*J*

Pour t'aider :

– Les côtés HI et JK sont parallèles. ☑ ❑
– Les côtés HK et IJ sont parallèles. ❑ ☑
– Les côtés consécutifs HI et IJ sont perpendiculaires. ❑ ☑
– Les côtés consécutifs IJ et JK sont perpendiculaires. ❑ ☑
– Les côtés consécutifs JK et KH sont perpendiculaires. ☑ ❑
– Les côtés consécutifs KH et HI sont perpendiculaires. ☑ ❑

Pour aller plus loin :

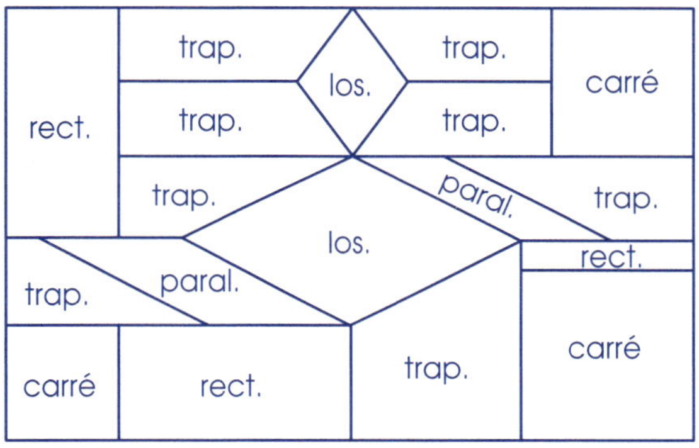

Fiche 20

■ Décrire et nommer les parallélogrammes

Cette fiche propose de décrire certains quadrilatères suivant leurs caractéristiques afin d'amener les élèves à associer une figure et une description.

Elle permet également de revoir les notions de droites parallèles et de droites perpendiculaires.

2. La comparaison des mesures des côtés se fera à l'aide du double décimètre ou du compas. L'élève pourra ainsi choisir l'outil qui lui paraîtra le plus adapté. Une confrontation des choix, avec explicitations, pourra être faite à la fin du travail.

3. En utilisant le tableau de l'exercice 2, l'élève transposera ses résultats sous la forme d'une fiche de description qu'il pourra réutiliser ultérieurement.

Le second exercice du *Pour aller plus loin* propose de compléter la description de ces quadrilatères particuliers par le tracé des diagonales.

Le tracé des cercles permettra aux élèves de constater une propriété du carré et du rectangle : ils sont inscriptibles dans un cercle. Ce travail est une étape vers l'utilisation des propriétés pour construire ces figures.

L'enseignant laissera à l'élève le choix de l'outil pour comparer les mesures des diagonales.

Corrigés Fiche 20

2.

	Carré	Rectangle	Losange	Parallélogramme
Les côtés opposés sont parallèles	X	X	X	X
Les côtés consécutifs sont perpendiculaires	X	X		
Tous les côtés ont la même mesure	X		X	

3. *Description n° 1 : Je suis un* ***rectangle****.*
Description n° 2 : Je suis un ***losange****.*
Description n° 3 : Je suis un ***parallélogramme****.*
Description n° 4 : Je suis un ***carré****.*

Pour aller plus loin :

2.

	Carré	Rectangle	Losange	Parallélogramme
Les diagonales se coupent en leur milieu	X	X	X	X
Les diagonales ont la même longueur	X	X		
Les diagonales sont perpendiculaires	X		X	
Les quatre sommets sont sur le cercle	X	X		

Fiche 21

■ Évaluation : polyèdres, quadrilatères, parallélogrammes

1. L'élève doit reconnaître des patrons qui permettent de construire des cubes ou des parallélépipèdes rectangles.

Il doit pouvoir éliminer facilement le patron intrus (C), qui comporte des triangles. Pour pouvoir déterminer les patrons qui permettent réellement de construire des cubes parmi ceux qui ont des faces carrées (A, D, E et G), et ceux qui permettent de construire réellement des parallélépipèdes rectangles parmi ceux qui ont des faces rectangulaires (B, F et H), on conseillera aux élèves d'utiliser le calque.

2. L'enseignant peut, en préalable, faire rappeler par les élèves le sens des mots *pentagone* et *hexagone*.

3. Lors de la correction, l'enseignant pourra faire nommer deux des figures ayant une face courbe : le cercle et l'ellipse.

4. Cet exercice permet de vérifier que les élèves ont bien mémorisé la forme des quadrilatères usuels. Lors de la correction, l'enseignant pourra accepter comme parallélogrammes le rectangle, le carré et le losange, qui en sont effectivement, mais demandera alors aux élèves d'expliquer ce qui les a conduits à dessiner ces figures.

Corrigés Fiche 21

1. *Cube :* **A** *et* **G**
Parallélépipède rectangle : **B** *et* **F**

2. *Quadrilatères (jaune) :* **A, C, F, G, L M, N** *et* **Q**
Pentagones (marron) : **E** *et* **H**
Triangles (bleu) : **B, D** *et* **K**
Hexagone (violet) : **J**

3. *Figures ayant des faces courbes :* **O, R** *et* **S**

4. *Parallélogramme :* **C, F, L, M** *et* **N**
Rectangle : **L** *et* **N**
Carré : **N**
Losange : **F** *et* **M**

Fiche 22

■ Le cercle, le disque

Si les élèves savent utiliser normalement un compas pour tracer des cercles, il est nécessaire de leur fournir un vocabulaire précis concernant les éléments de cette figure.

1. En cas de difficulté, les élèves pourront avoir recours au *Pour t'aider*.

2. Cet exercice demande une lecture précise des consignes afin de réaliser la figure demandée.

Le *Pour aller plus loin* propose de rechercher les axes de symétrie d'un cercle. Nous pensons que la manipulation est indispensable pour trouver ces axes de symétrie. L'élève pourra constater que leur nombre est très important.

Corrigés Fiche 22

2. *Les consignes* **n° 3** *ont permis de tracer la figure.*

Figure correspondant aux consignes **n° 1** *:*

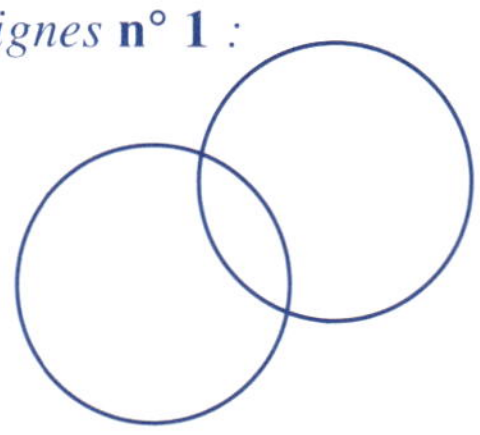

Figure correspondant aux consignes **n° 2** *:*

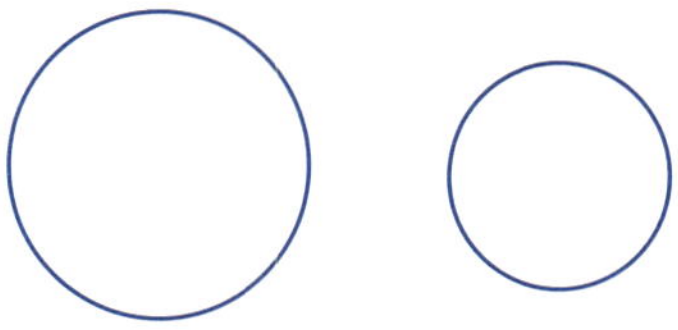

Pour aller plus loin :

Un axe de symétrie du cercle s'appelle un **diamètre**.

Fiche 23

■ Décrire et nommer les triangles

Cette fiche concerne la description de triangles.

Avant de reconnaître et nommer les différents types de triangles en CM2, nous pensons qu'il est important que les élèves puissent les décrire avec précision et retrouver leurs noms à partir de descriptions.

1. Nous privilégions ici l'emploi du compas pour comparer la mesure des côtés. L'enseignant veillera au bon respect des consignes.

Le *Pour t'aider* permet de vérifier que la reconnaissance des triangles est bien acquise.

Le *Pour aller plus loin* propose de repérer les éventuels axes de symétrie dans un triangle et d'aborder les propriétés des triangles particuliers.

Les élèves peuvent procéder de plusieurs façons :

– placer d'abord l'axe de symétrie à main levée, puis effectuer les mesures nécessaires pour réaliser le tracé correct ;

– procéder par tâtonnement ;

– marquer le milieu d'un côté et joindre ce point au sommet opposé ;

– décalquer le triangle et effectuer des pliages pour rechercher les éventuels axes de symétrie.

Corrigés Fiche 23

1.

Figure	**A**	**B**	**C**	**D**	**E**	**F**	**G**
Deux côtés ont la même longueur				X			X
Trois côtés ont la même longueur			X				
Tous les côtés ont des longueurs différentes	X	X			X	X	
A un angle droit	X						X
N'a pas d'angle droit		X	X	X	X	X	

2. *Un triangle rectangle possède un angle droit :* **A** *et* **G**.
Un triangle isocèle possède deux côtés de même longueur : **D** *et* **G**.

Un triangle équilatéral a tous ses côtés de même longueur : **C**.
Un triangle quelconque ne possède pas d'angle droit ni de côtés de même longueur : **B** *et* **E**.
Un triangle rectangle isocèle possède deux côtés de même longueur et un angle droit : **G**.

Fiche 24

■ Reproduction de quadrilatères d'après un modèle

Dans cette fiche, les élèves devront reproduire des quadrilatères (carré, rectangle, parallélogramme et losange) en utilisant des outils préalablement définis. L'enseignant veillera à leur bonne utilisation. Le tracé préalable d'un côté a pour but de faciliter le positionnement de la figure dans l'espace prévu. Si la reproduction du carré et du rectangle ne présente pas de difficulté particulière, il n'en est pas de même pour le parallélogramme et le losange, car il est plus compliqué de reproduire les angles. En cas de besoin, on renverra l'élève au *Pour t'aider*.

Le *Pour t'aider* propose de reproduire un quadrilatère (quelconque) en utilisant uniquement le compas et la règle. Pour cela, nous avons dessiné toutes les étapes qui permettent d'effectuer ce tracé. L'enseignant demandera aux élèves de laisser visibles toutes les étapes du tracé.

Le *Pour aller plus loin* propose de reproduire un autre quadrilatère (le trapèze) en laissant aux élèves le choix de la procédure et des outils à utiliser. Afin de ne pas les influencer, l'enseignant se gardera de donner toute information complémentaire. En revanche, le moment de correction sera un moment privilégié permettant de faire émerger les techniques utilisées et les outils sélectionnés. Un inventaire des difficultés rencontrées peut être réalisé, avec des propositions de remédiation.

Fiche 25

■ Reproduction de triangles d'après un modèle

Dans cette fiche, les élèves reproduiront des triangles en utilisant à tour de rôle les différents outils en leur possession. Il est important qu'ils prennent conscience qu'il n'existe pas qu'une seule méthode pour reproduire un triangle, le choix des outils se faisant en fonction de la tâche à accomplir.

L'enseignant veillera à un strict respect des consignes quant aux outils à utiliser.

À la fin de la fiche, nous proposons que l'élève vérifie ses résultats en confrontant son tracé avec le calque de la figure à reproduire. Il pourra ainsi se rendre compte des erreurs de tracé, s'il y en a, et apporter les rectifications nécessaires.

Le *Pour t'aider* indique la façon de procéder pour construire un gabarit qui permettra de reproduire un angle. Afin de gagner du temps, l'enseignant préparera au préalable des bandes de bristol.

Le *Pour aller plus loin* propose de procéder de la même façon que dans la fiche précédente. Nous avons demandé d'utiliser le papier-calque, outil qui doit être connu des élèves et qui demande de nombreuses manipulations et du soin dans les tracés.

Fiche 26

■ Reproduction de quadrilatères d'après une description

Dans cette fiche, les élèves devront reproduire des quadrilatères en utilisant une description et nommer les deux premiers.

Contrairement à la fiche précédente, nous n'avons pas précisé les outils à utiliser, les élèves en ayant le libre choix. Lors de la correction, l'enseignant pourra faire expliquer les procédures utilisées et qui lui paraissent intéressantes à analyser.

Le *Pour aller plus loin* propose de reproduire deux autres quadrilatères (le losange et le trapèze) en suivant également une description, mais ici les élèves devront compléter leur travail en nommant les outils utilisés et en décrivant toutes les étapes de construction, qui formeront l'ébauche d'un programme de construction. La correction devra être un moment important de validation.

Fiche 27

■ Reproduction de quadrilatères d'après un programme

Dans cette fiche, les élèves doivent reproduire un quadrilatère en suivant un programme. Les fiches n° 24, 25 et 26 ont déjà habitué les élèves à un travail de reproduction. L'objectif est ici d'obliger les élèves à suivre de façon rigoureuse des consignes de construction. Les remarques des fiches précédentes sont également valables pour celle-ci.

Pour éviter des erreurs, les élèves peuvent rayer au fur et à mesure les consignes utilisées.

Fiche 28

■ Évaluation : le cercle, les triangles, reproduction de triangles et de quadrilatères

Dans cette fiche, les élèves doivent identifier des figures géométriques et en reproduire.

1. Les figures à reconnaître ont été placées dans une composition géométrique qui en comporte aussi d'autres. La reconnaissance des demi-cercles et des quarts de cercle ne doit, à priori, pas poser de problème ; en revanche, le positionnement d'un diamètre peut s'avérer difficile. Lors de la correction, l'enseignant se fera préciser les techniques employées et les difficultés rencontrées.

2. La composition comporte uniquement des triangles, qu'il faut reconnaître et nommer. L'enseignant peut, avant la réalisation de l'exercice, faire rappeler les caractéristiques de chaque triangle à reconnaître.

3. La reproduction de la figure présente certaines difficultés que les élèves pourront surmonter en ayant beaucoup de rigueur. Ils pourront avoir une vision de chaque figure et la tracer au fur et à mesure, ou une vision plus globale permettant de tracer les contours de la composition, évitant ainsi des problèmes de raccord. Il nous a semblé bon de faire nommer les outils utilisés. Le recensement des difficultés rencontrées permettra en outre d'envisager les remédiations nécessaires.

4. Les élèves devront construire un quadrilatère en suivant un programme. L'enseignant peut préconiser de procéder d'abord à un tracé à main levée pour visualiser la figure qui doit être obtenue. Lors de la correction, il veillera à la qualité des tracés.

Corrigés Fiche 28

2.

– J'ai 3 côtés. – J'ai un angle droit.	*– J'ai 3 côtés. – J'ai 2 côtés de même longueur.*	*– J'ai 3 côtés. – Je n'ai aucun côté de même longueur.*
Vert	***Bleu***	***Violet***

4. *Un parallélogramme*

Fiche 29

■ Reproduction de triangles d'après une description

Dans cette fiche, la technique employée est la même que pour la fiche 26.

Pour la reproduction des triangles, le compas est un outil privilégié que les élèves doivent maintenant savoir utiliser de façon performante ; toutefois, il serait bon que l'enseignant rappelle les conseils d'utilisation (mine bien aiguisée et vis bien serrée). On proposera aux élèves de valider leurs constructions grâce au calque de la figure à recopier.

Le *Pour aller plus loin* propose, dans l'exercice **1.**, de reproduire un triangle en utilisant un gabarit. L'enseignant préparera des bandes de bristol pour éviter toute perte de temps.

Dans les exercices **2.** et **3.**, les élèves auront le libre choix de la procédure, qui sera répertoriée lors de la correction.

Là encore, les élèves pourront valider leurs constructions grâce au calque de la figure à recopier.

Corrigés Fiche 29

1. *Triangle rectangle*
2. *Triangle isocèle*
3. *Triangle quelconque*

Pour aller plus loin :
1. *Triangle quelconque*
2. *Triangle équilatéral*
3. *Triangle rectangle isocèle*

Fiche 30

■ Construction de triangles d'après un programme

La construction des triangles se fait en utilisant les mêmes techniques de tracé que celles employées lors de la reproduction de triangles. Les élèves devront construire des triangles en suivant un programme. Suite au travail réalisé dans les fiches précédentes, les élèves ne devraient pas rencontrer de difficultés particulières. En conséquence, l'enseignant se montrera particulièrement exigeant sur la qualité des tracés.

Le premier exercice du *Pour aller plus loin* propose la construction d'un triangle équilatéral en n'utilisant qu'un outil : le compas. La difficulté réside dans le respect des consignes et dans le placement des lettres des sommets.

Le second exercice du *Pour aller plus loin* propose la construction d'un triangle rectangle en n'utilisant également qu'un seul outil : le compas. La confrontation des différents tracés devrait permettre aux élèves de constater que tous les triangles obtenus sont des triangles ayant un angle droit, mais avec deux côtés de longueurs différentes.

Fiche 31

■ Construire des figures de dimensions données

Maintenant, les élèves vont devoir construire des figures déjà étudiées avec des dimensions données. Nous proposons de tracer d'abord la figure à main levée afin de l'avoir sous les yeux lors de la construction avec des outils.

L'enseignant laissera aux élèves une grande liberté de choix et veillera à ne pas les influencer.

Lors de la correction, il sera intéressant de recenser les outils utilisés et d'en analyser les raisons.

Le *Pour t'aider* montre toutes les étapes que l'élève devra suivre pour construire une figure, ici un triangle rectangle. Le repérage du triangle rectangle dessiné à main levée peut l'amener à hésiter entre les dessins 1, 3 et 4. Toutefois, il devrait se rendre compte assez facilement que seul le dessin 4 possède un angle droit.

Dans le *Pour aller plus loin*, l'enseignant rappellera, si nécessaire, la notion de diagonales, et le fait que pour le losange et le parallélogramme elles se coupent en leur milieu. Lors de la correction, l'enseignant pourra confronter toutes les figures réalisées et chercher, avec les élèves, les raisons de leurs différences.

Fiche 32

■ Reproduction de figures complexes

Dans cette fiche, nous proposons aux élèves de développer leurs facultés d'analyse de figures complexes afin de procéder à leur reproduction.

L'enseignant veillera au respect strict des consignes afin que les élèves utilisent bien les outils prévus.

Nous n'avons pas proposé d'aide pour cette fiche ; cependant, les élèves pourront consulter la fiche 20.

Le *Pour aller plus loin* propose :

– la reproduction d'une figure complexe en utilisant des gabarits : l'enseignant pourra préciser qu'il n'est pas nécessaire de fabriquer le gabarit de chaque angle ; lorsque plusieurs angles sont identiques, un même gabarit peut être utilisé pour chacun d'eux ;

– la reproduction d'une figure complexe en laissant le libre choix des outils.

Nous préconisons que les élèves indiquent les outils employés au fur et à mesure afin d'éviter les oublis.

Le recensement des difficultés permettra d'envisager des remédiations si cela s'avère nécessaire.

Fiche 33

■ Tracé de figures géométriques : le cercle

Très souvent, par jeu, l'élève trace des rosaces à l'aide de son compas.

Nous lui demandons d'en reproduire une plus complexe.

Les élèves seront invités à bien observer le modèle et à procéder par essais afin de le reproduire.

2. Cet exercice permet d'aborder la notion de cercles concentriques à partir de la construction d'un objet connu : la cible. L'enseignant veillera à la précision du travail en vérifiant les compas si cela est nécessaire et en incitant les élèves à se servir du *Pour t'aider* pour la précision des mesures.

Le *Pour aller plus loin* propose de tracer une figure en respectant des consignes.

Nous proposons que l'élève effectue d'abord un tracé à main levée pour appréhender les caractéristiques de la figure et avoir une représentation de ce qu'il doit obtenir. Il est important qu'il respecte l'ordre des consignes et inscrive au fur et à mesure les lettres correspondant aux points. Ainsi, lors du tracé définitif, il pourra se reporter au tracé à main levée.

Corrigés Fiche 33

Pour aller plus loin :

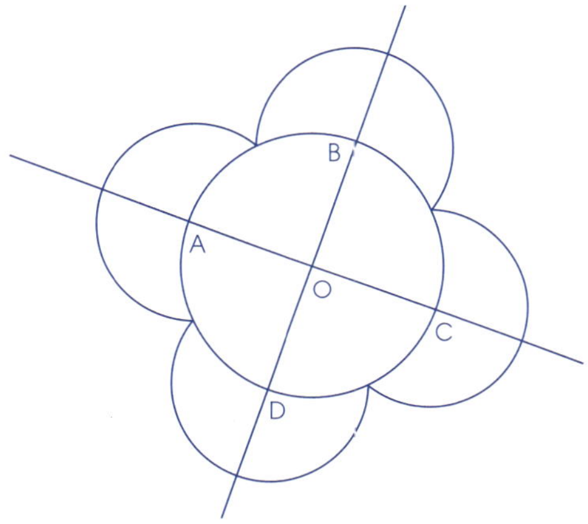

Fiche 34

■ Construction et description de figures géométriques

Dans cette fiche, nous proposons aux élèves de construire des figures complexes associant les figures géométriques simples déjà étudiées.

1. Pour effectuer cet exercice, l'élève devra faire une lecture très attentive du texte afin de placer correctement les lettres correspondant aux points. L'enseignant pourra préciser que ce travail doit être fait au fur et à mesure de la lecture.

2. Ici, le tracé à main levée doit permettre aux élèves de se représenter la figure demandée. Lors de l'utilisation des outils, l'enseignant veillera à la précision et au soin du tracé.

3. Les élèves pourront s'aider des consignes données dans les deux exercices précédents de façon à garder une certaine cohérence dans le texte proposé.

Le *Pour t'aider* permet de faire une différenciation entre description et consignes de construction.

Le *Pour aller plus loin* propose aux élèves de tracer leur propre figure et d'écrire les consignes correspondantes. L'enseignant pourra leur rappeler que le but n'est pas de construire une figure trop complexe, mais une figure dont les consignes seront facilement compréhensibles. La construction de cette figure par un autre élève à partir des consignes servira de validation.

CORRIGÉS FICHE 34

1.

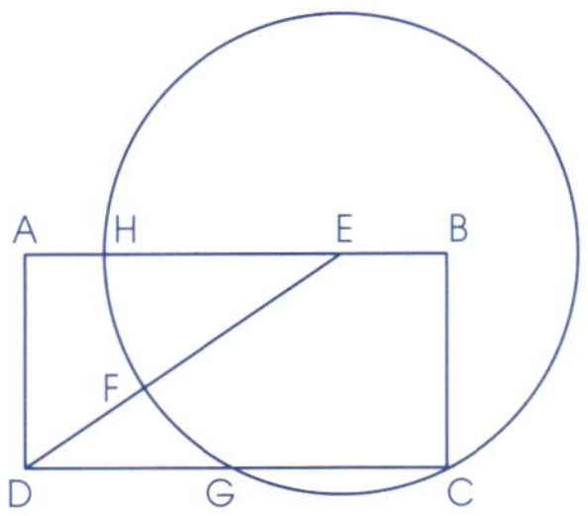

2.

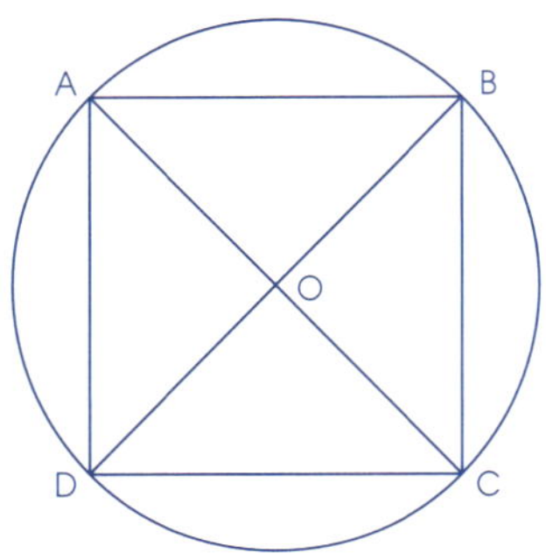

POUR T'AIDER :

1. *La bonne description est la* **n° 2**.

2. *Trace un rectangle ABCD de 6 cm de longueur et de 3 cm de largeur.*
Marque le point E tel que le segment EB mesure 2 cm.
Trace le segment EC.

Fiche 35

■ Évaluation : reproduction, construction et description de figures

Dans cette fiche, les élèves devront reproduire, construire et décrire des figures.

1. Cette figure présente une certaine difficulté quant à sa reproduction. Différentes stratégies peuvent être employées :

– si l'élève a une vision globale de la figure, il commencera par tracer le grand carré qui servira de point de départ aux autres tracés ;

– si l'élève a une vision plus « centrale », il commencera par tracer le cercle et le petit carré ; puis il juxtaposera les autres tracés.

Lors de la correction, la confrontation des méthodes employées devrait faire ressortir celles qui sont les plus adaptées.

2. En cas de besoin, l'enseignant pourra conseiller d'effectuer dans un premier temps un dessin à main levée.

3. L'enseignant conseillera aux élèves de vérifier leurs consignes en effectuant un dessin à main levée à partir de ces consignes.

Fiche 36

■ Géométrie et art

Nous avons pensé qu'il était intéressant dans cette dernière fiche d'utiliser des solides pour réaliser des compositions, à la manière de certains artistes comme Buren.

La fiche pourra être agrandie de façon à fournir des patrons plus facilement utilisables. L'enseignant veillera à ce que les réalisations soient exécutées de façon minutieuse, notamment au niveau des collages.

Bien entendu, les élèves pourront créer leurs propres compositions en utilisant des solides qu'ils auront construits, ou encore récupérés. Les plans pourront être réalisés en collant les différentes empreintes des solides.

CORRIGÉS FICHE 36

1. *La réalisation a été observée du côté* **B**.

Nom : ....

Date : ....

Dans cette fiche, tu vas essayer de te rappeler ce que tu as étudié au CE2 :
- le squelette d'un solide ;
- la reproduction d'une figure ;
- la reconnaissance d'empreintes ;
- la description de solides ;
- la symétrie ;
- le tracé de figures géométriques.

1 Voici le dessin du squelette d'un solide.

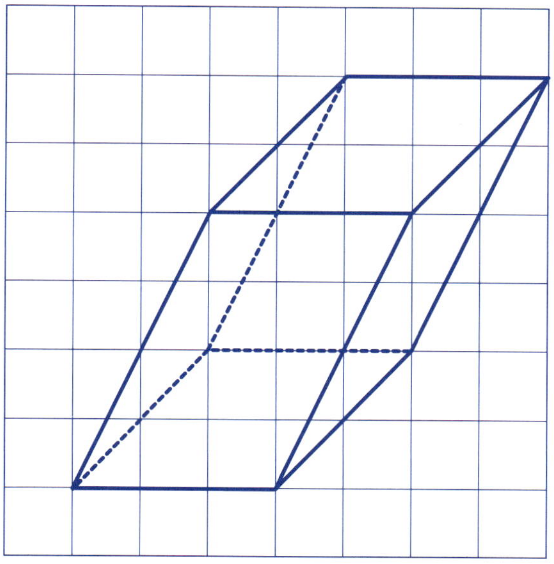

2 **Reproduis**-le.

3 **Colorie** en vert l'empreinte de ce solide.

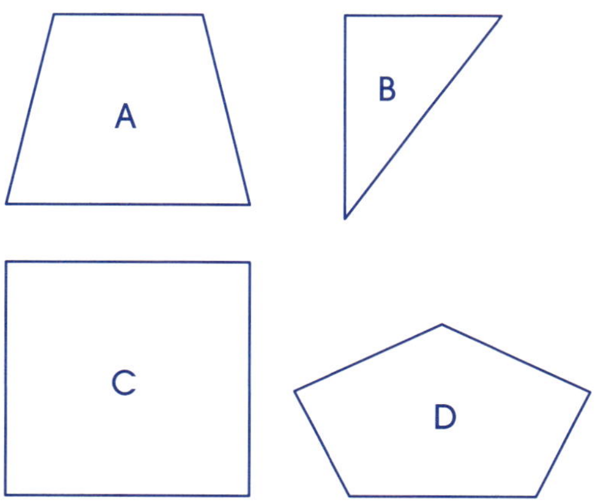

4 **Colorie** en jaune sa description.

A : *– 5 faces* *– 5 sommets* *– 8 arêtes*	B : *– 5 faces* *– 6 sommets* *– 9 arêtes*
C : *– 6 faces* *– 8 sommets* *– 12 arêtes*	D : *– 9 faces* *– 9 sommets* *– 16 arêtes*

5 **Termine** le tracé du symétrique de la figure ci-dessous.

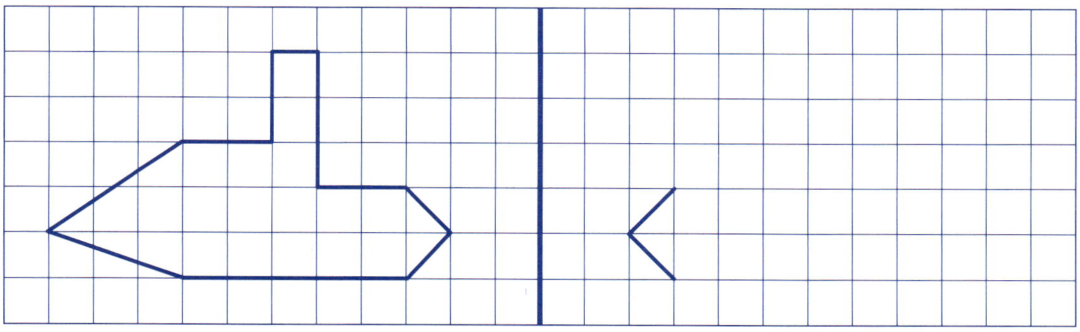

6 Voici le tracé d'un quadrilatère ABCD.
Colorie en jaune les consignes qui correspondent au tracé de cette figure.

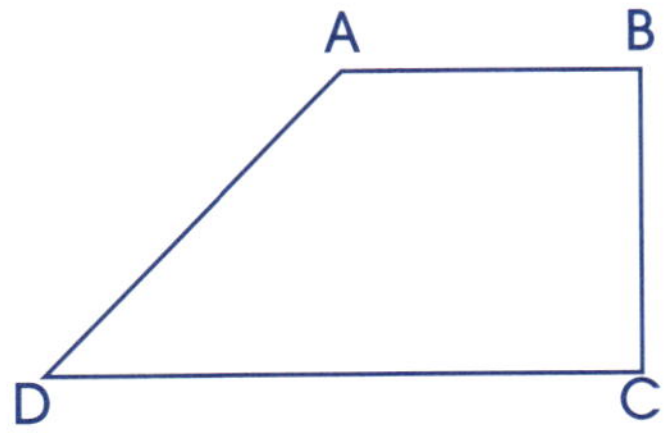

Proposition n° 1 :
– **Trace** un segment AB de 2 cm.
– En B, **trace** un cercle de centre B et de rayon 2 cm.
– **Marque** un point C sur le cercle, puis trace en C un segment CD de 4 cm perpendiculaire à BC.
– **Joins** DA.

Proposition n° 2 :
– **Trace** un segment AB de 2 cm.
– À l'aide de l'équerre, **trace** en B un segment BC de 2 cm perpendiculaire à AB.
– À l'aide de l'équerre, **trace** en C un segment CD de 4 cm perpendiculaire à BC.
– **Joins** DA.

Proposition n° 3 :
– **Trace** un segment AB de 2 cm.
– À l'aide de l'équerre, **trace** en B un segment BC de 2 cm perpendiculaire à AB.
– **Marque** le point D au milieu du segment BC.
– **Joins** DA.

7 **Repasse** en rouge 2 côtés parallèles de la figure ABCD.
Marque les 2 angles droits avec un petit carré (■).

Maintenant, à toi de compléter le tracé en suivant les consignes suivantes :
– Avec ton compas, **mesure** un écartement de 2 cm.
– **Plante** la pointe sèche de ton compas en B et **trace** un cercle de centre B et de rayon 2 cm.

ÉVALUE-TOI

Je me souviens comment :	*oui*	*non*
a. Reproduire le squelette d'un solide sur un quadrillage.	❑	❑
b. Retrouver l'empreinte d'un solide.	❑	❑
c. Associer le squelette d'un solide et sa description.	❑	❑
d. Tracer le symétrique d'une figure sur un quadrillage.	❑	❑
e. Associer une figure et les consignes de sa construction.	❑	❑
f. Reconnaître des côtés parallèles et des côtés perpendiculaires.	❑	❑

Écris les difficultés que tu as rencontrées.

....

....

....

....

....

....

Nom : ....

Date : ....

Dans cette fiche, tu apprends à reconnaître les polyèdres. Un polyèdre est un solide qui a toutes ses faces planes.

Rappel :

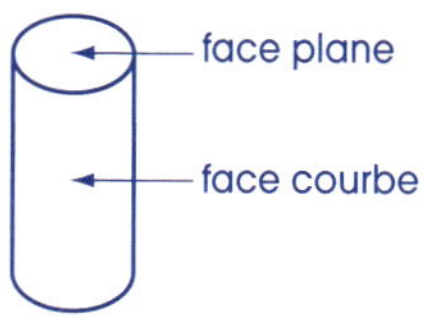

1 **Observe** attentivement les solides ci-dessous.

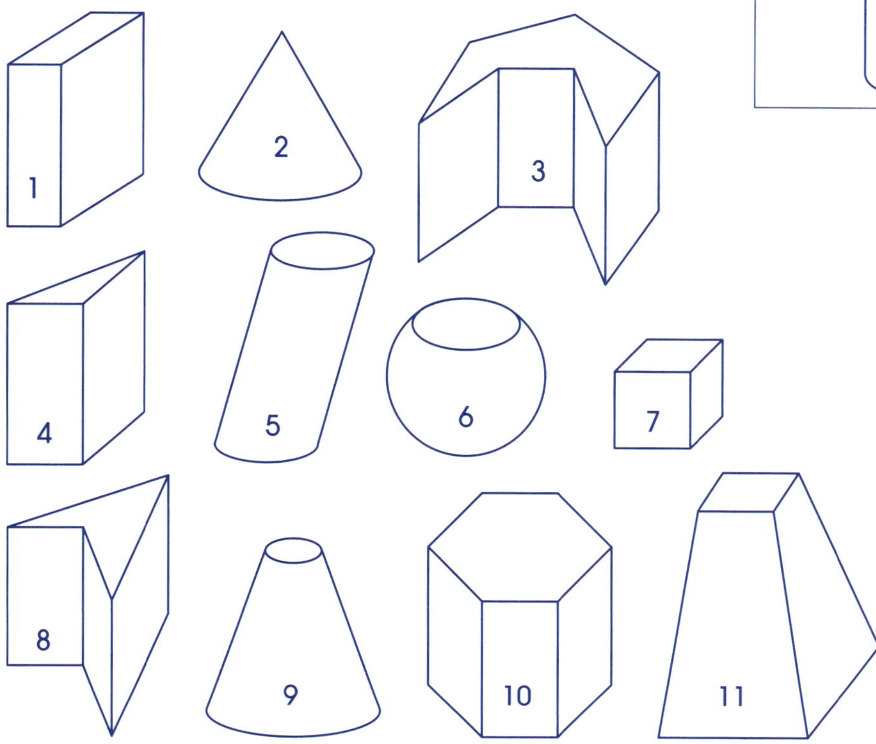

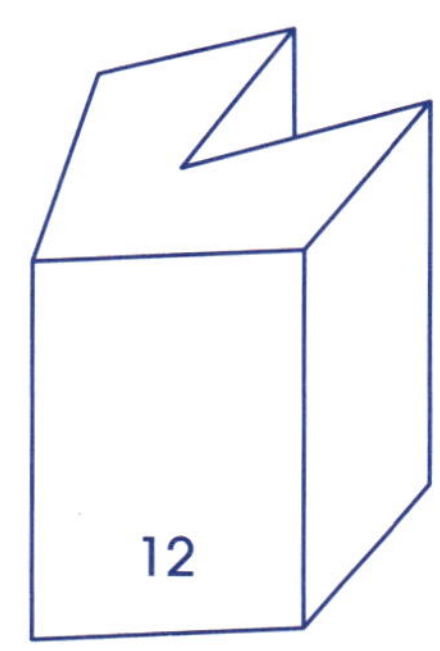

Colorie en jaune les faces planes. **Colorie** en bleu les faces courbes.

Complète le tableau ci-dessous **en marquant** une croix dans la bonne case.

Solides	1	2	3	4	5	6	7	8	9	10	11	12
Toutes les faces sont planes												
Une face est courbe												
Polyèdres												
Non-polyèdres												

2 Voici les empreintes des polyèdres représentés dans l'exercice 1.
Marque à l'intérieur le numéro du solide correspondant.

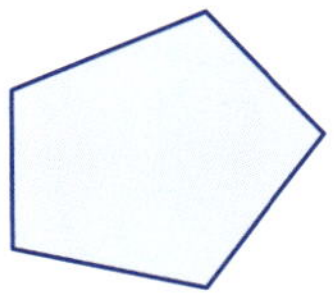

Empreinte d'un polyèdre **convexe**

Empreinte d'un polyèdre **concave**

Colorie en rouge les empreintes correspondant à un polyèdre convexe.

Colorie en bleu les empreintes correspondant à un polyèdre concave.

POUR T'AIDER

Voici des objets avec le dessin de leur forme.

- **Colorie** en jaune les faces planes.
- **Colorie** en bleu les faces courbes.

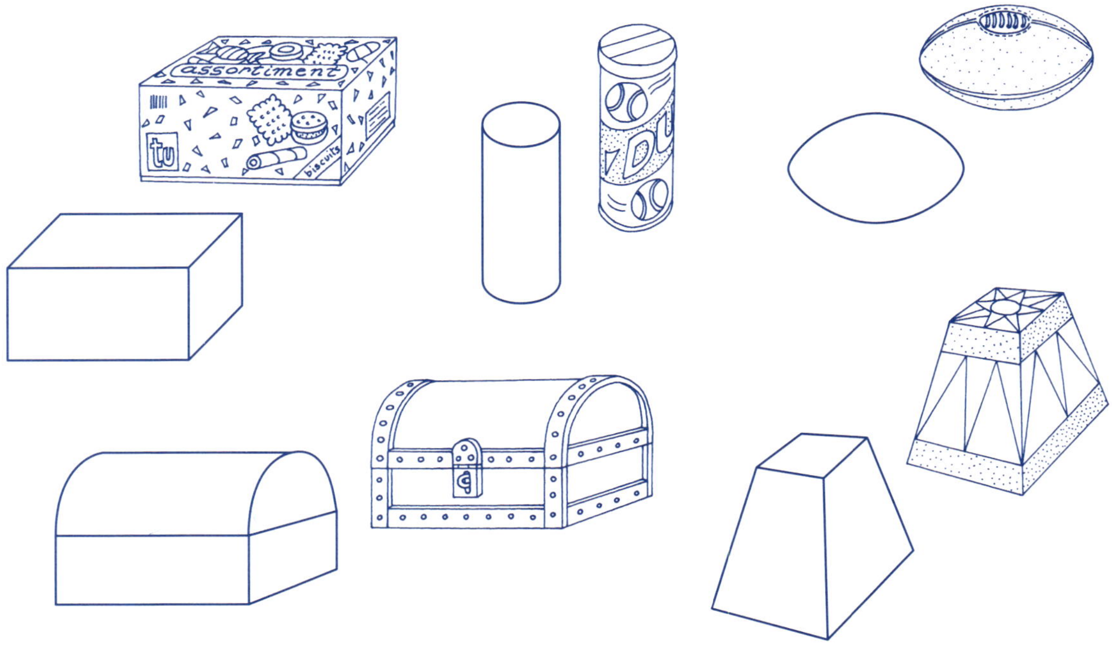

POUR ALLER PLUS LOIN

Voici des solides plus complexes.

- **Colorie** en jaune les faces planes.
- **Colorie** en bleu les faces courbes.

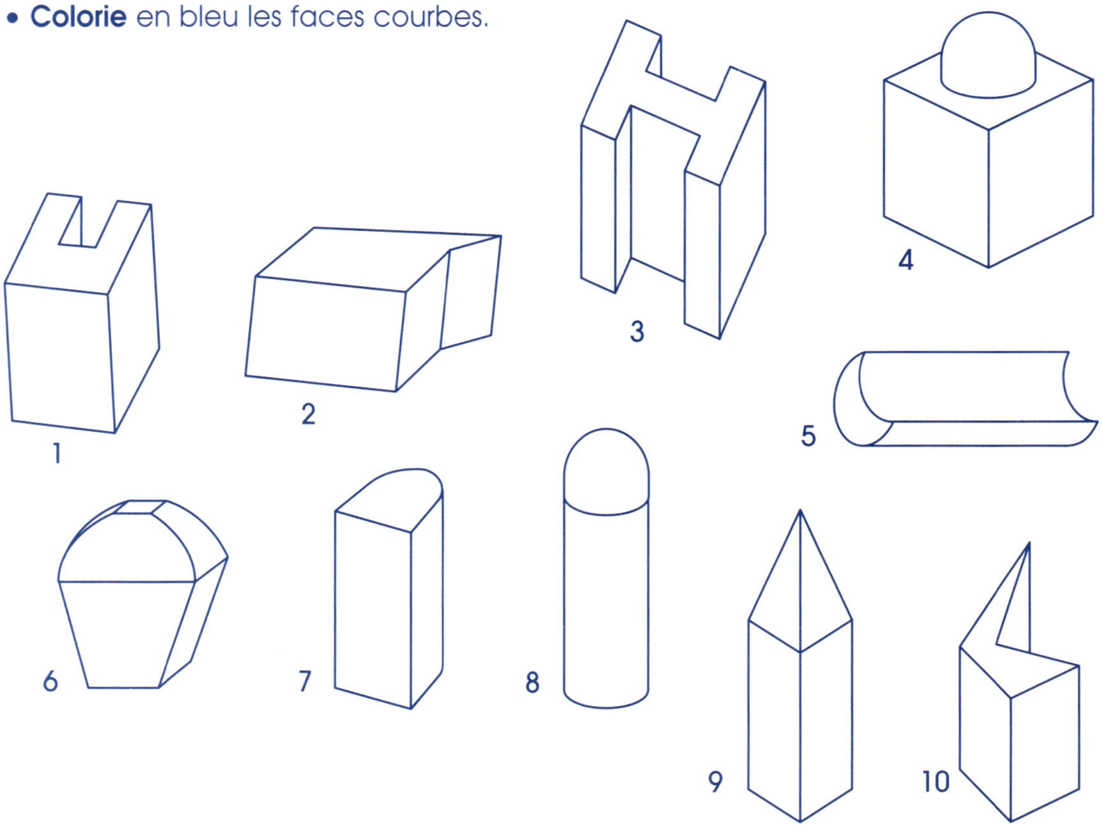

- **Entoure** en vert les polyèdres.

Nom : ....

Date : ....

Dans cette fiche, tu apprends à identifier des solides.

1 Voici des solides. **Colorie** de la même couleur ceux qui ont la même forme.

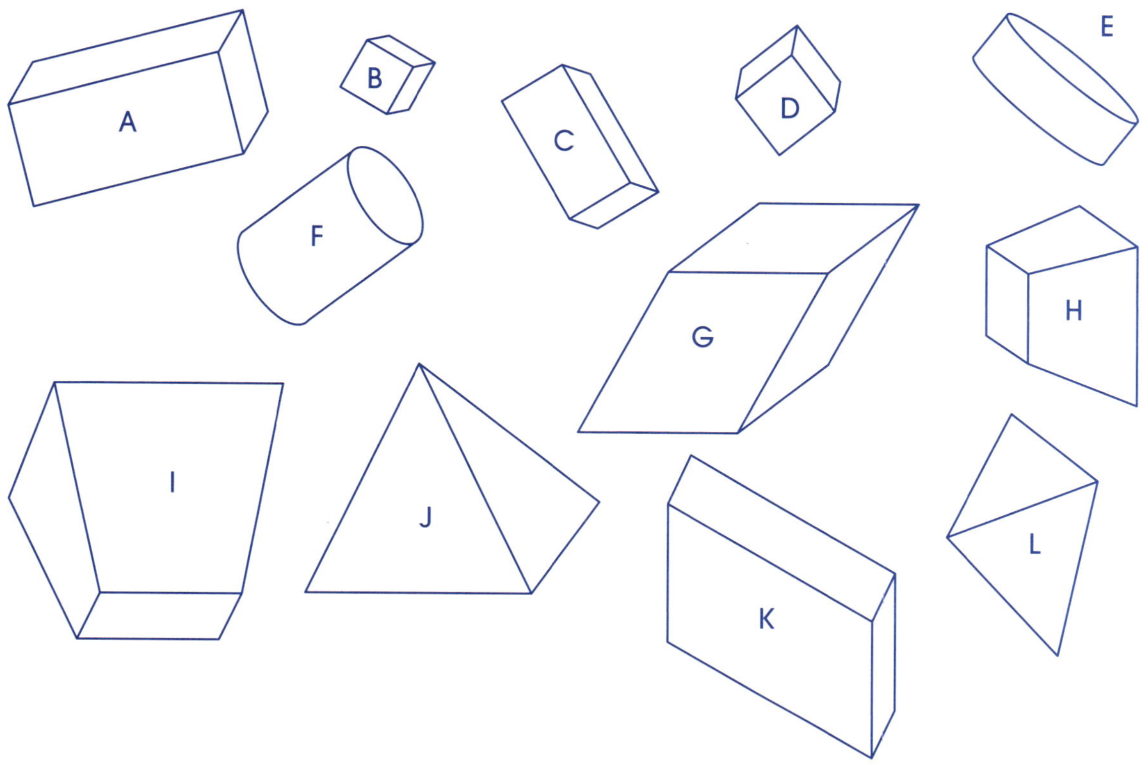

2 Voici un solide. 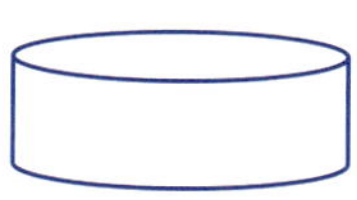

Colorie en vert ceux que tu retrouves dans le paysage ci-dessous.

POUR T'AIDER

Un même solide peut avoir différentes positions.

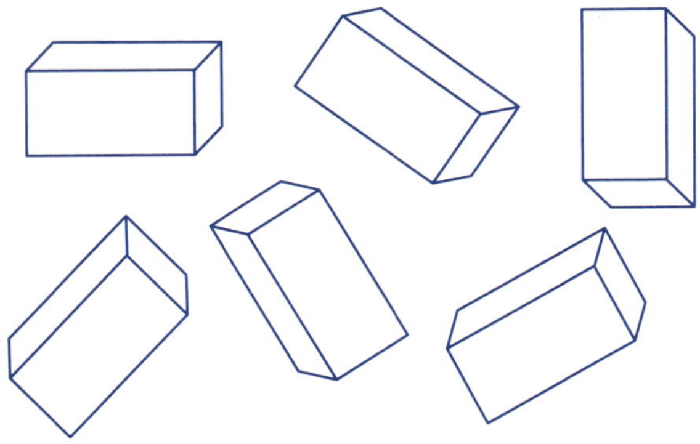

Tu peux faire pivoter ta feuille.

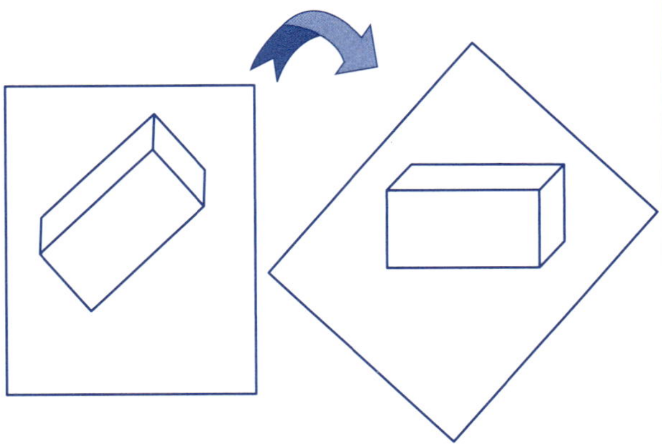

Entraîne-toi.
Colorie en bleu les solides qui ont la même forme que le solide A.

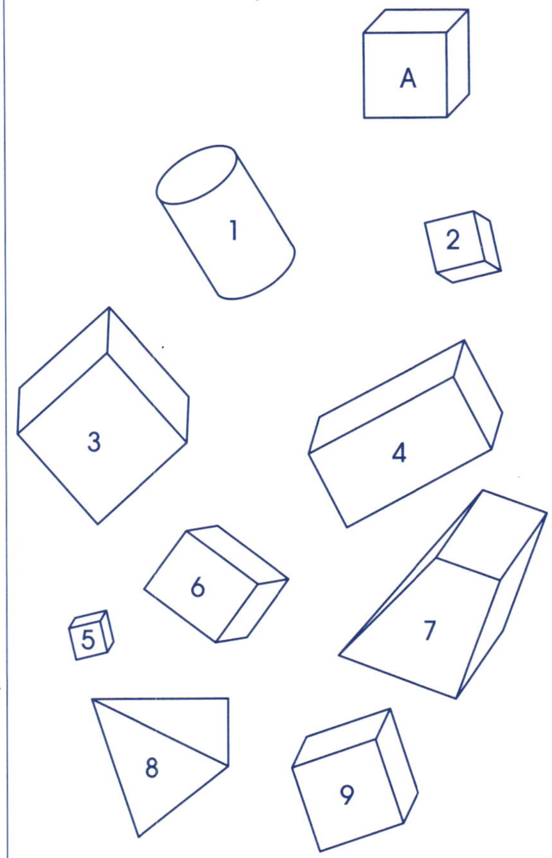

POUR ALLER PLUS LOIN

Voici 3 solides :

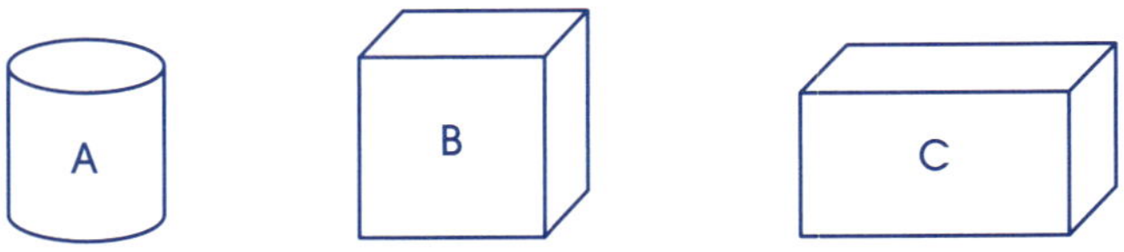

Adrien est allé au supermarché avec sa mère. Il l'a aidée à déposer ses courses sur la table de la cuisine. **Colorie** les formes A en jaune, B en vert et C en bleu.

Nom : ....

Date : ....

Dans cette fiche, tu vas devoir reconnaître et tracer des droites perpendiculaires.

Rappel :

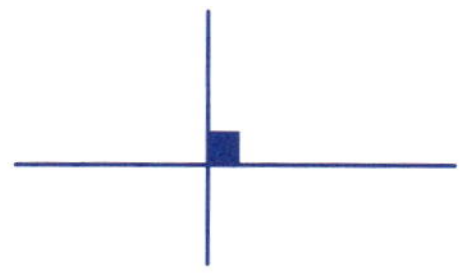

Fiche 4a

RECONNAISSANCE ET TRACÉ DE DROITES PERPENDICULAIRES

1 À l'aide d'un outil de ton choix, **repère** les droites perpendiculaires et **repasse**-les en rouge.

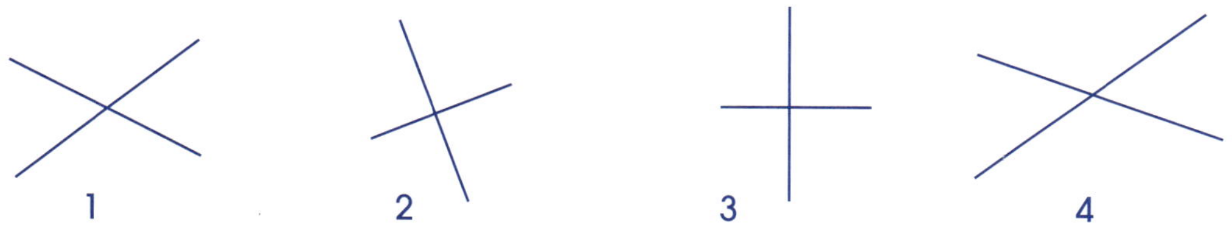

2 Voici des figures géométriques.
Repère les droites perpendiculaires et **indique** les angles droits en dessinant un petit carré. Vérifie avec l'équerre.

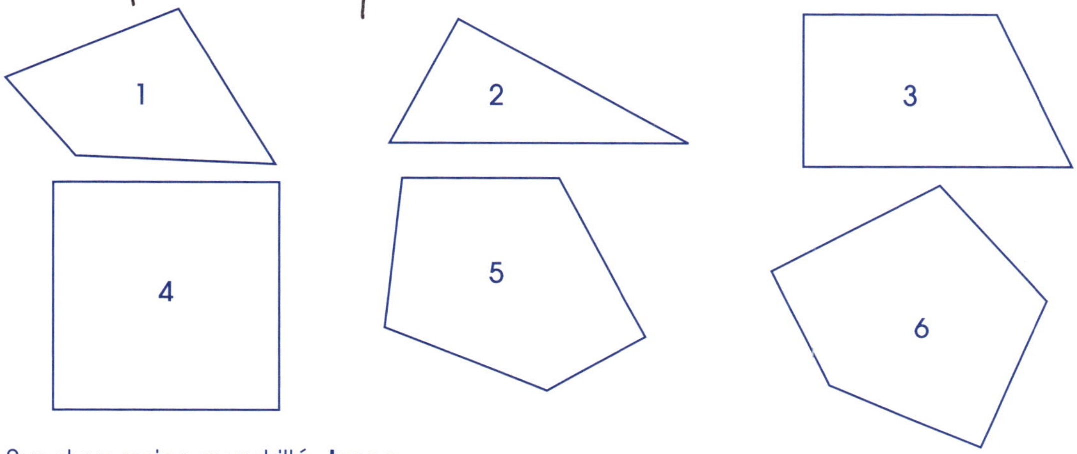

3 Sur du papier quadrillé, **trace** :

a. 2 droites perpendiculaires à main levée.

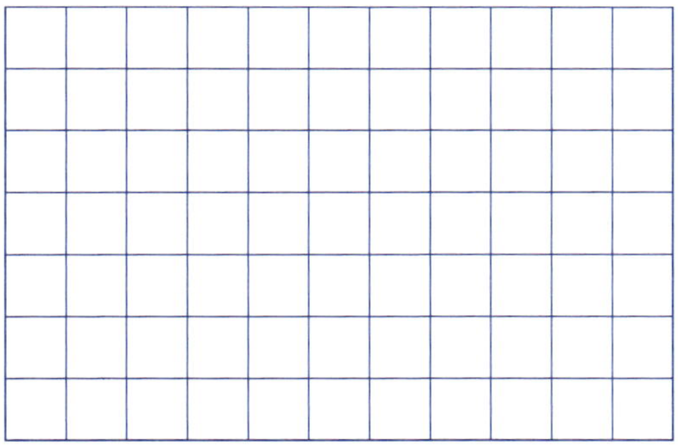

b. 2 droites perpendiculaires. (**Utilise** des outils.)

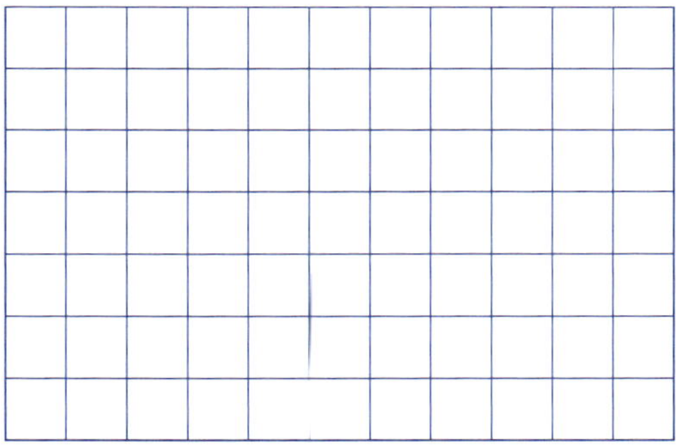

c. une droite perpendiculaire à AB passant par le point C. (**Utilise** des outils.)

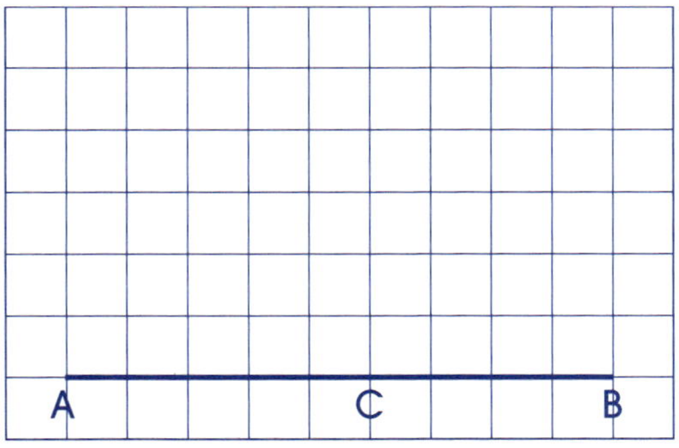

d. une droite perpendiculaire à DE passant par le point F. (**Utilise** des outils.)

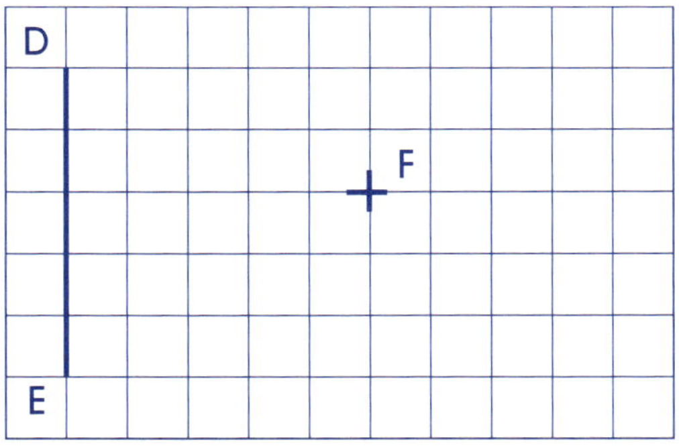

Fiche 4b

RECONNAISSANCE ET TRACÉ DE DROITES PERPENDICULAIRES

POUR T'AIDER

Comment fabriquer une équerre en papier.

- ***Prends*** *une feuille de papier.* ***Plie****-la en deux.*

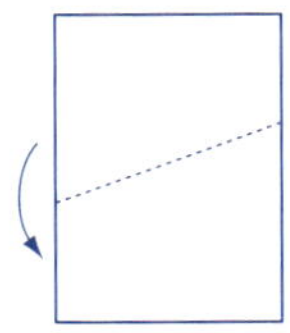

- *Maintenant,* ***replie****-la en deux, en faisant* ***coïncider*** *les deux bords du pli.*

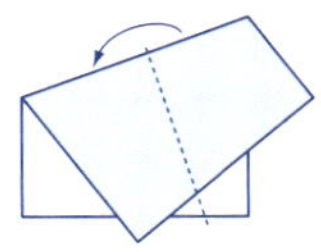

- *Afin de bien reconnaître l'angle droit,* ***dessine*** *un petit carré que tu noirciras.*

Comment utiliser l'équerre.

Les 2 droites ne sont pas perpendiculaires.

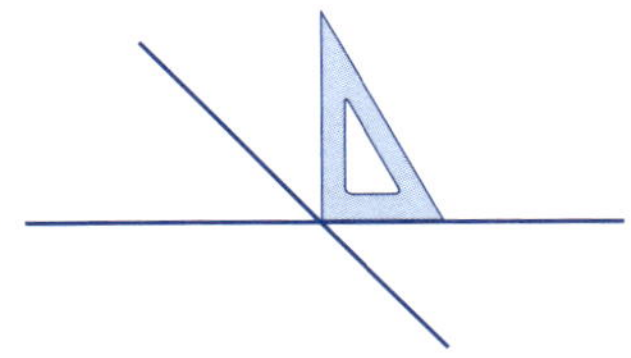

Les 2 droites ne sont pas perpendiculaires.

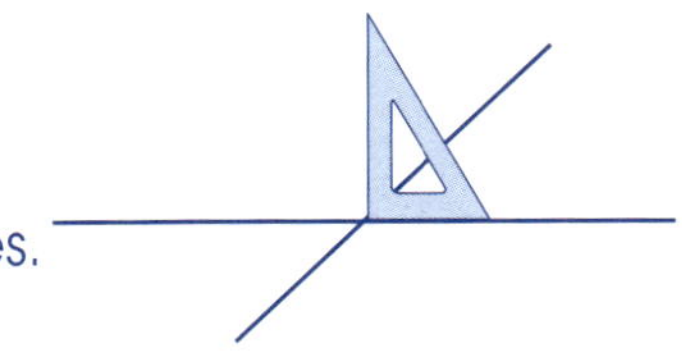

Les 2 droites sont perpendiculaires.

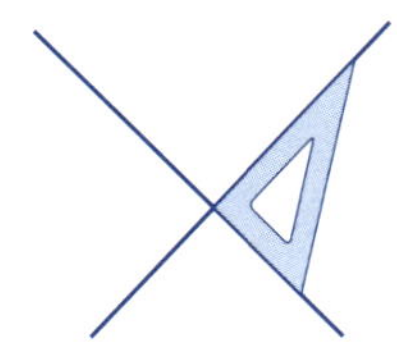

POUR ALLER PLUS LOIN

1. Sur le papier quadrillé, **repère** les droites perpendiculaires et **surligne**-les de la même couleur.

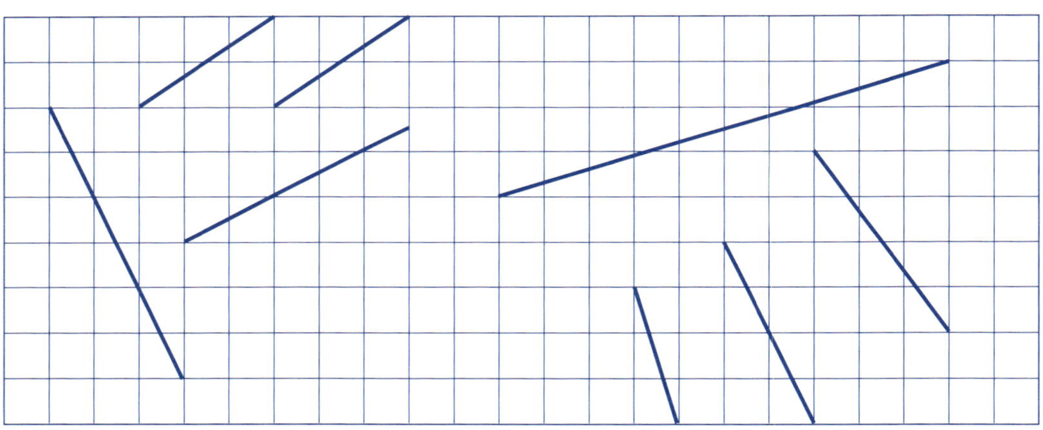

2. Sur le papier quadrillé, **trace** une droite perpendiculaire aux droites AB, CD et EF. **Utilise** des outils.

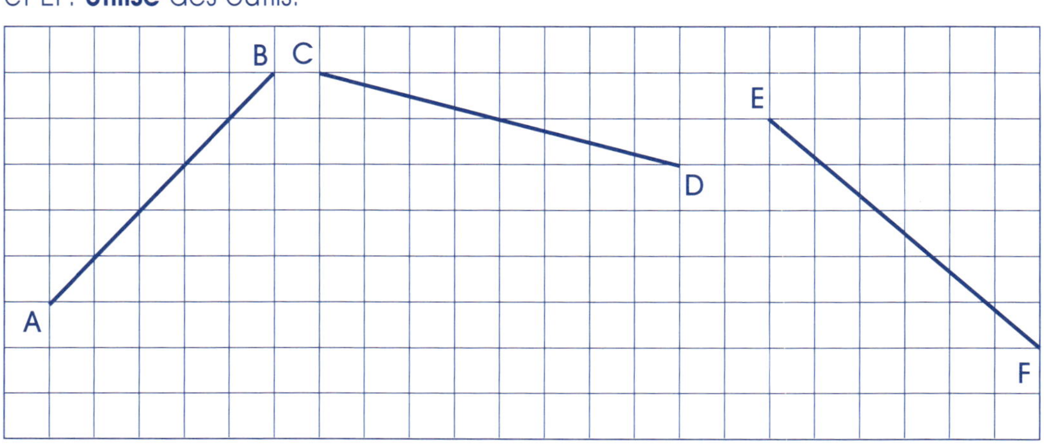

Nom : ....

Date : ....

Dans cette fiche, tu vas devoir reconnaître et tracer des droites parallèles.

2 droites parallèles ______________

1 **Repasse** en rouge les droites parallèles.

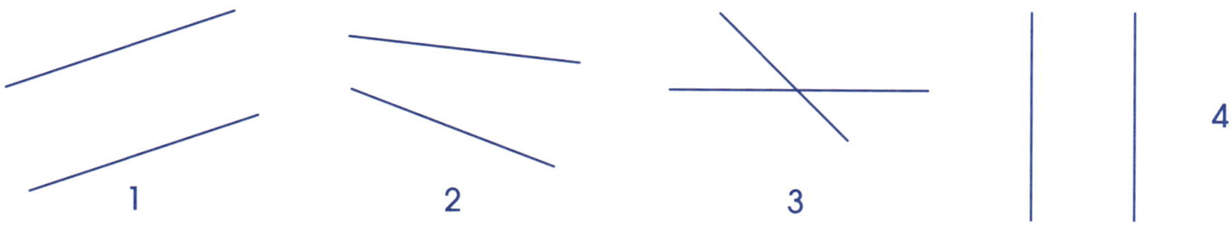

2 Voici des figures géométriques.

Repère les droites parallèles et **repasse**-les de la même couleur.

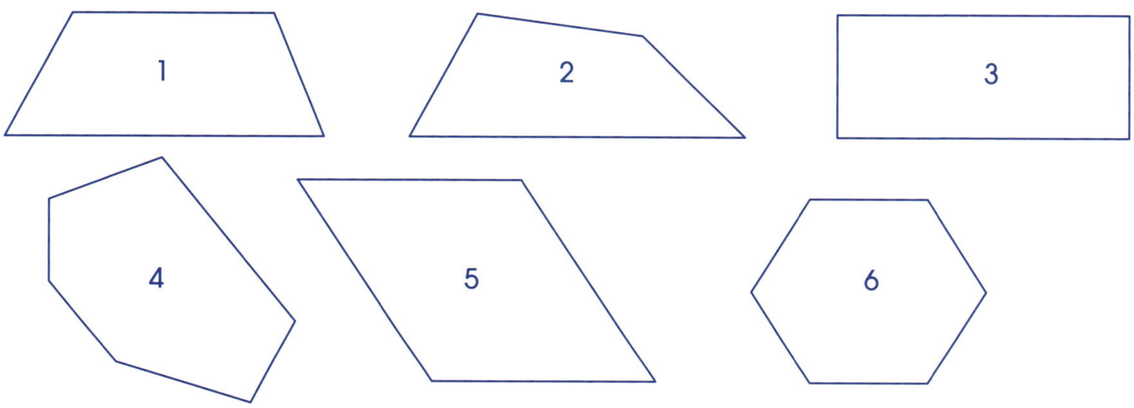

3 Sur du papier quadrillé, **trace** :

a. 2 droites parallèles (à main levée).

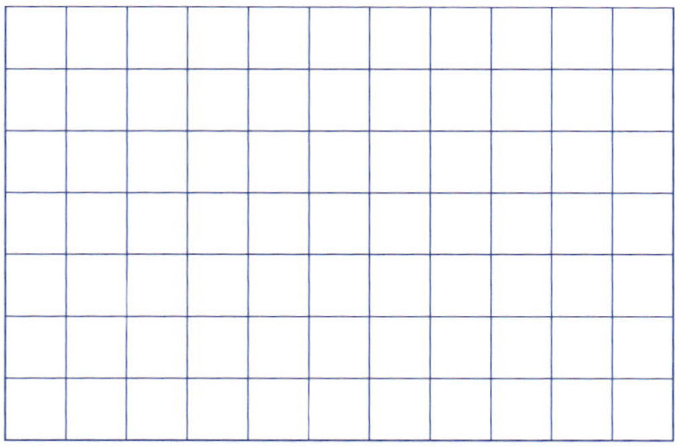

b. 2 droites parallèles. (**Utilise** un outil de ton choix.)

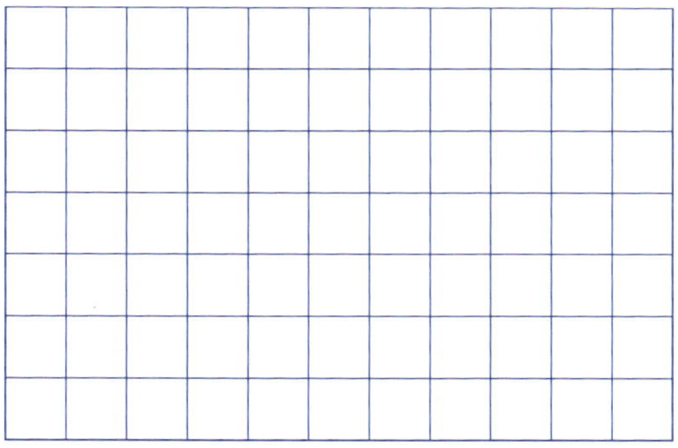

c. une droite parallèle à AB passant par le point C. (**Utilise** un outil de ton choix.)

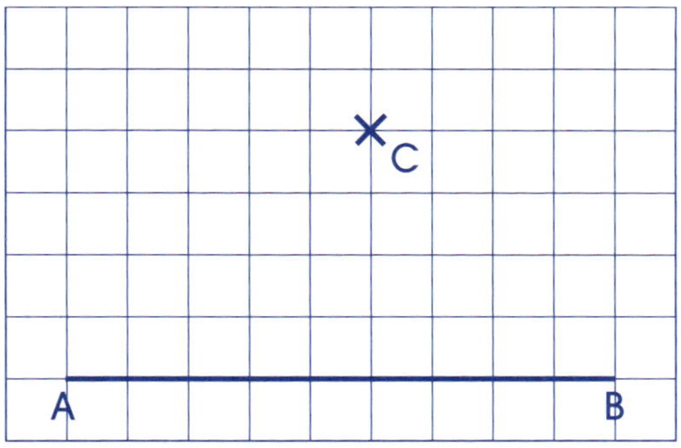

d. 2 droites parallèles passant par les points D et E. (**Utilise** un outil de ton choix.)

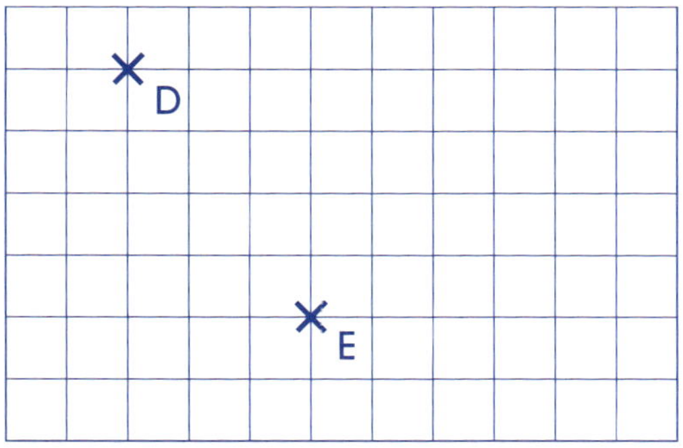

Fiche 5b

Reconnaissance et tracé de droites parallèles

Pour t'aider

On peut obtenir des droites parallèles par pliage.

• ***Prends*** *une feuille de papier.*

Plie*-la en deux.*

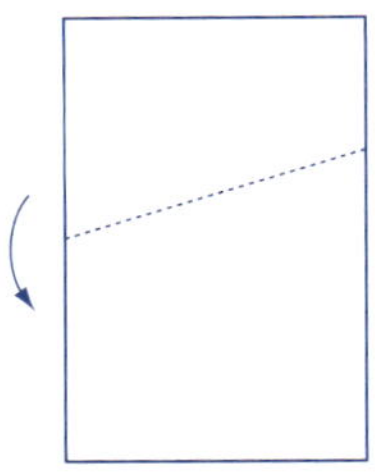

• *Maintenant,* ***replie****-la en deux en faisant* ***coïncider*** *les deux bords du pli.*

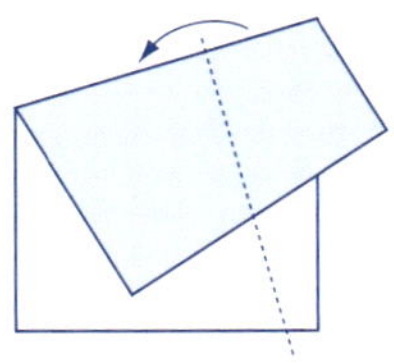

• ***Replie****-la une nouvelle fois en faisant* ***coïncider*** *les deux bords du pli.*

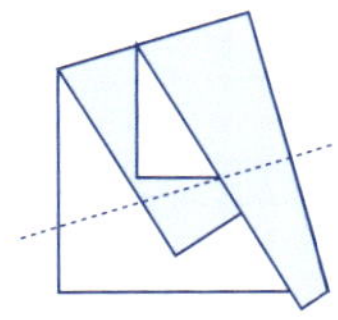

• ***Déplie*** *ta feuille et* ***repasse*** *les plis au feutre. Tu as obtenu trois droites parallèles coupées par une droite perpendiculaire.*

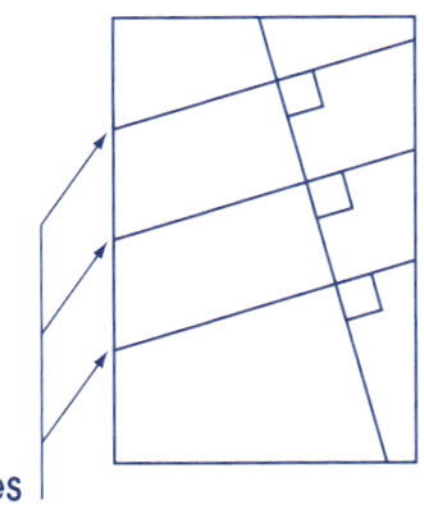

Deux droites parallèles ne se coupent jamais.

• **Prolonge** les droites et **colorie** en rouge les droites parallèles.

Pour aller plus loin

1. Sur le papier quadrillé, **repère** les droites parallèles et **surligne**-les de la même couleur.

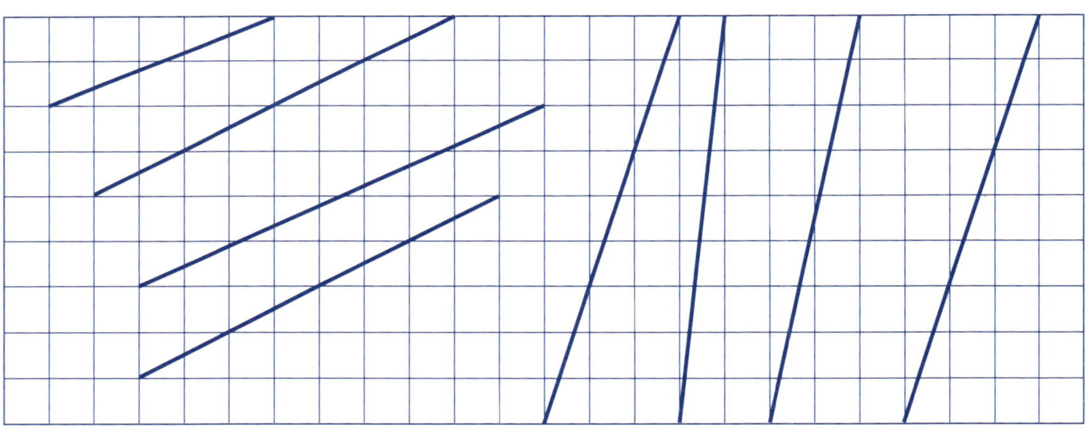

2. Sur le papier quadrillé, **trace** une droite parallèle à chacune des droites AB, CD et EF. **Utilise** des outils.

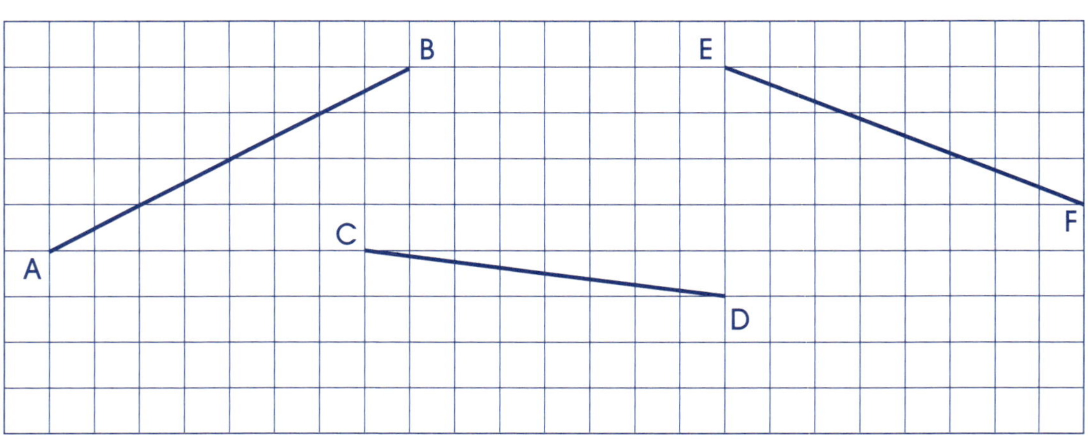

Nom : ....

Date : ....

Dans cette fiche, tu apprends à tracer des droites perpendiculaires et des droites parallèles sur du papier uni.

1 Les droites perpendiculaires

À main levée, puis en utilisant ton équerre (ou celle que tu as fabriquée), **trace** une droite perpendiculaire à la droite AB et passant par le point C.

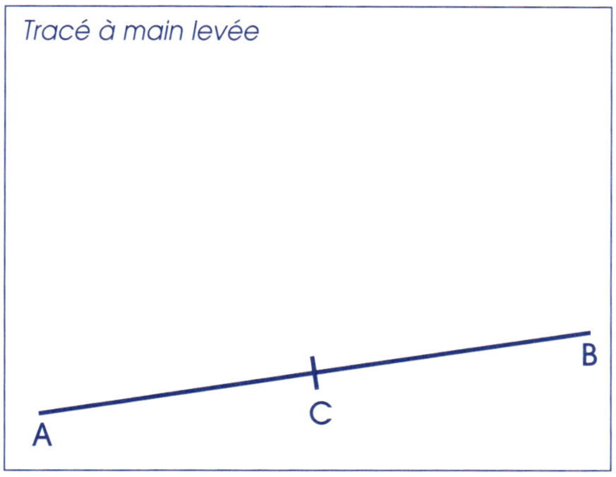

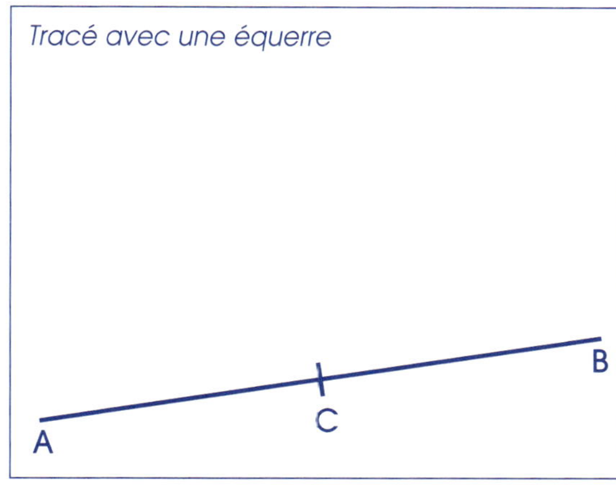

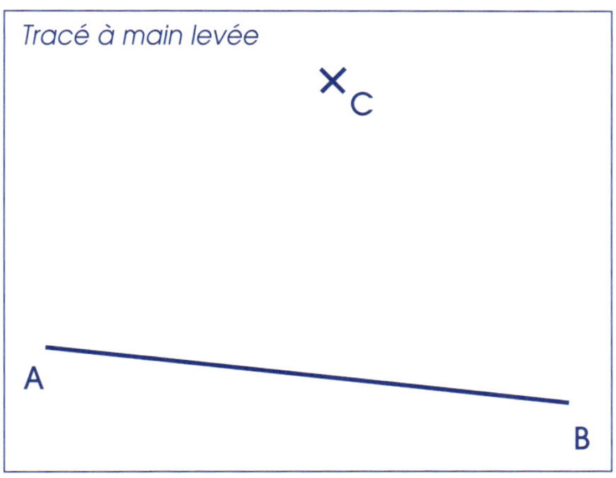

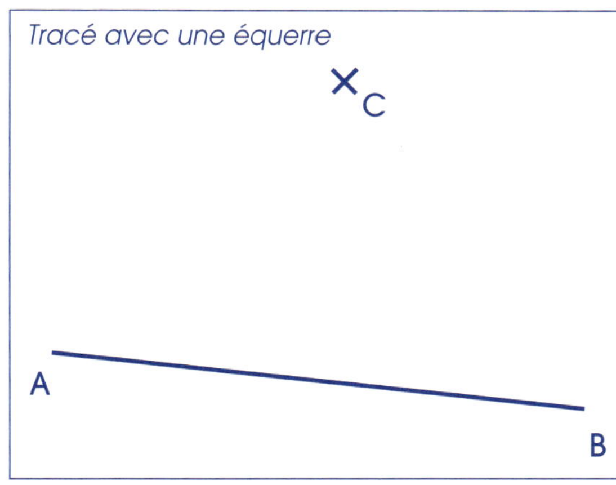

2 Les droites parallèles

À main levée, puis en utilisant ton équerre, **trace** une droite parallèle à la droite AB et passant par le point C.

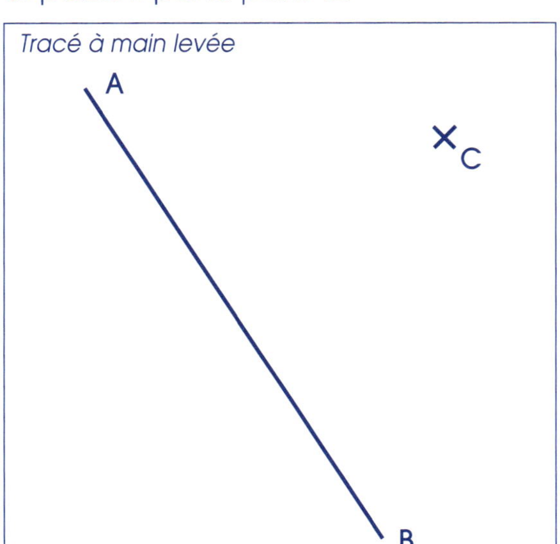

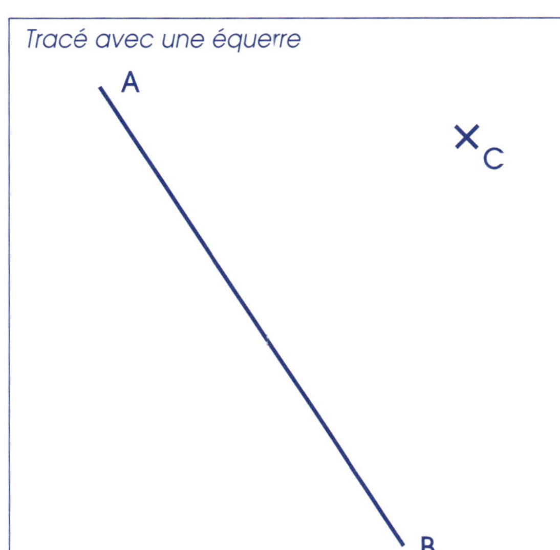

Si tu ne sais pas comment t'y prendre, **effectue** d'abord les pliages proposés dans le ***Pour t'aider*** de la fiche 5.

POUR ALLER PLUS LOIN

Il est possible de tracer des droites perpendiculaires et parallèles en utilisant le compas.

1. Les droites perpendiculaires

Suis les consignes suivantes :

- **Trace** une droite AB.

- **Plante** la pointe sèche de ton compas sur un point quelconque de la droite AB et **trace** un arc de cercle.

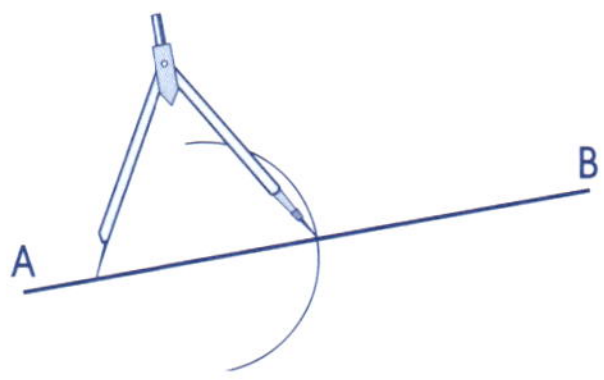

- Sans changer l'écartement du compas et à partir d'un autre point pris sur AB, **trace** un arc de cercle.

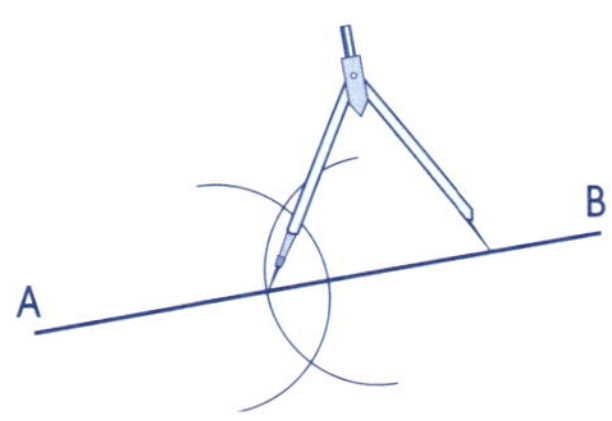

- Les deux arcs de cercle se coupent en M et N.
  Trace la droite MN.

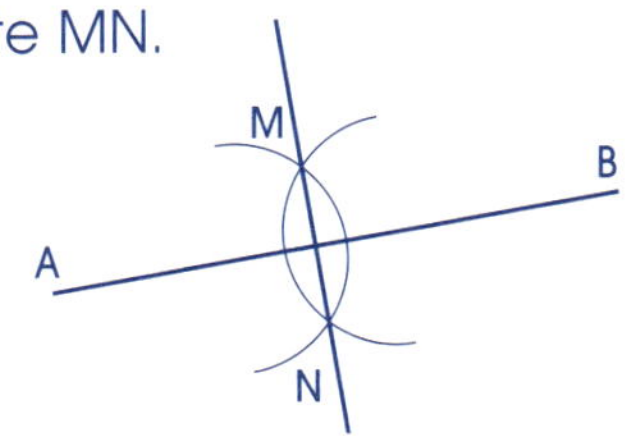

- **Vérifie** à l'aide de ton équerre que les deux droites AB et MN sont perpendiculaires.
- **Fais** le tracé dans cette case.

2. Les droites parallèles

- **Trace** un segment AB.

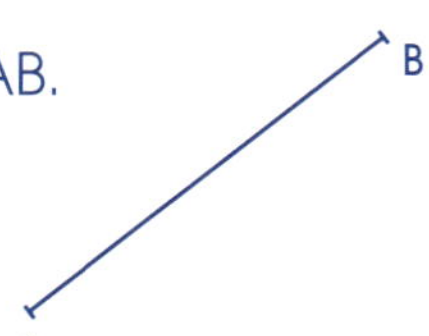

- **Plante** la pointe sèche de ton compas en A et **trace** un arc de cercle qui coupe le segment AB en M.

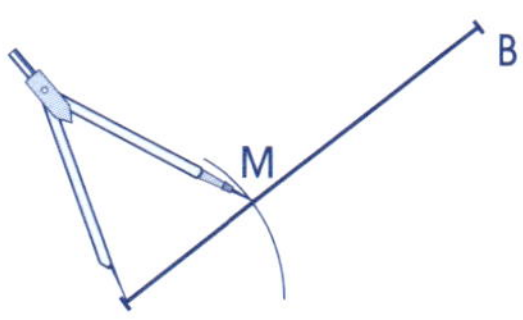

- Sans changer l'écartement du compas, **plante** la pointe sèche de ton compas en M et **trace** un arc de cercle qui coupe l'arc de cercle que tu as tracé en P.
- **Trace** la droite AP.

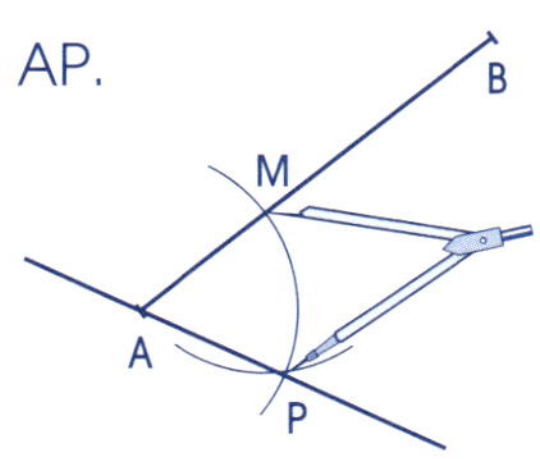

- **Refais** le même travail à partir du point B. Tu obtiens successivement les points N et Q.
- **Trace** la droite BQ.
- **Vérifie** que les 2 droites AP et BQ sont parallèles.

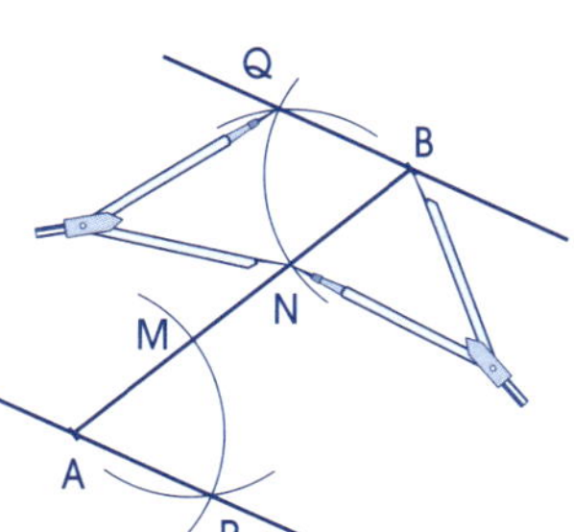

- **Fais** le tracé sur une feuille de papier uni.

Nom : ....

Date : ....

Évaluation

1 Voici des objets qui ont été déposés sur le sol du garage.
Colorie de la couleur indiquée ceux qui ont la même forme.

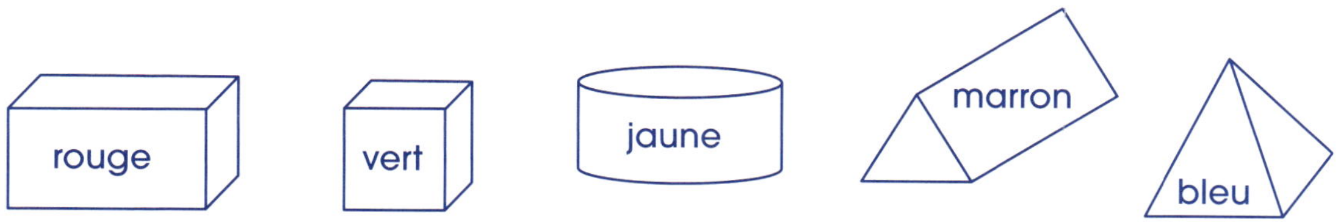

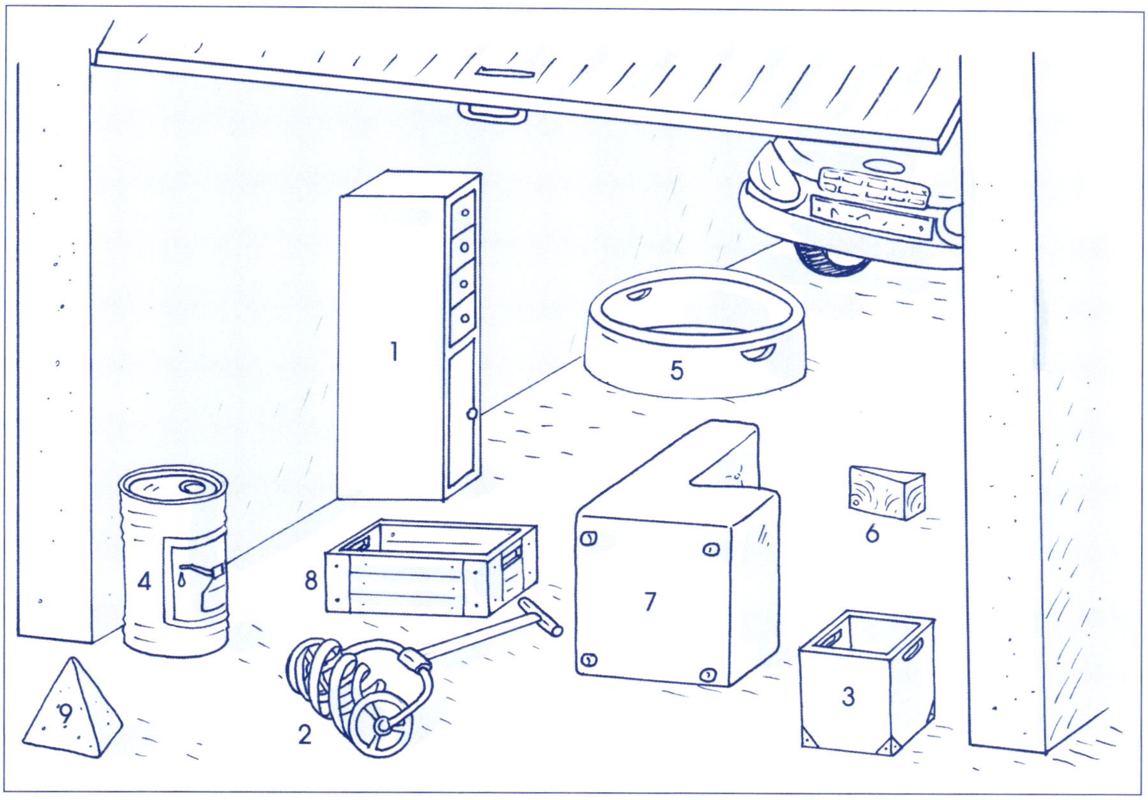

2 **Marque** le numéro du solide sous son empreinte.

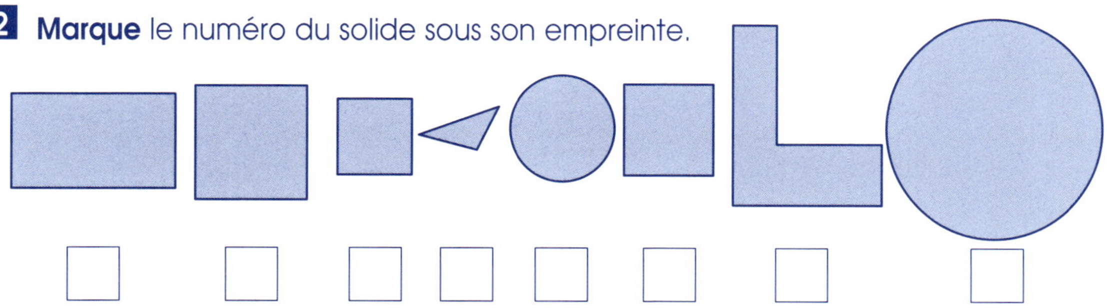

3 Voici des figures géométriques. **Marque** les angles droits à l'aide d'un petit carré (■).

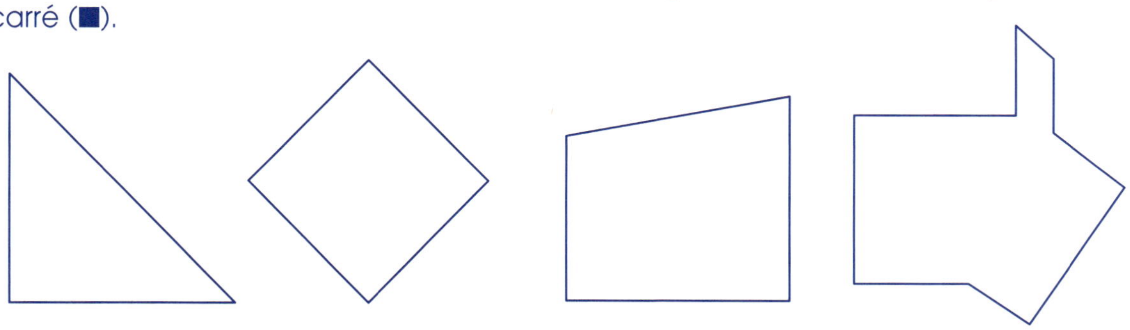

4 Voici des figures géométriques. **Repasse** les droites parallèles de la même couleur.

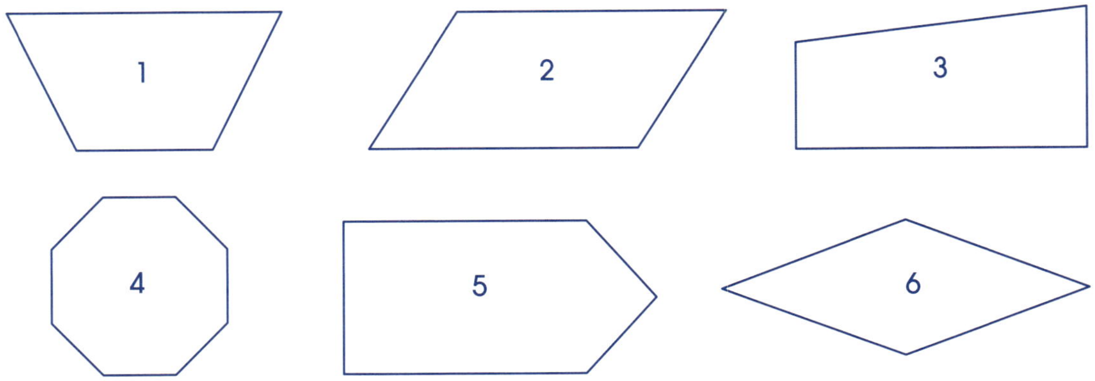

5 **Trace** ci-dessous une figure ayant deux droites perpendiculaires et deux droites parallèles.

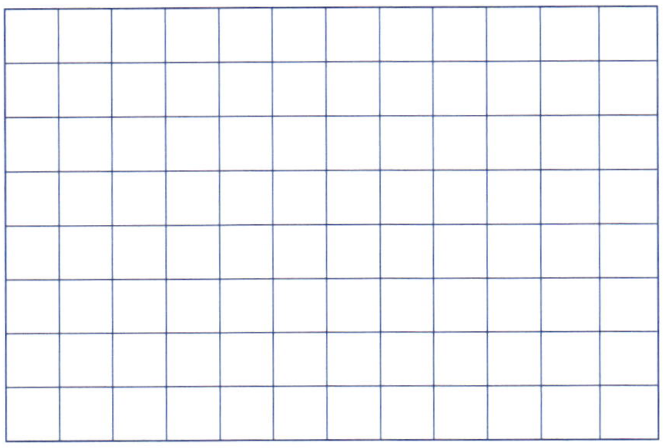

6 **Trace** ci-dessous une figure ayant 4 angles droits et deux fois deux droites parallèles.

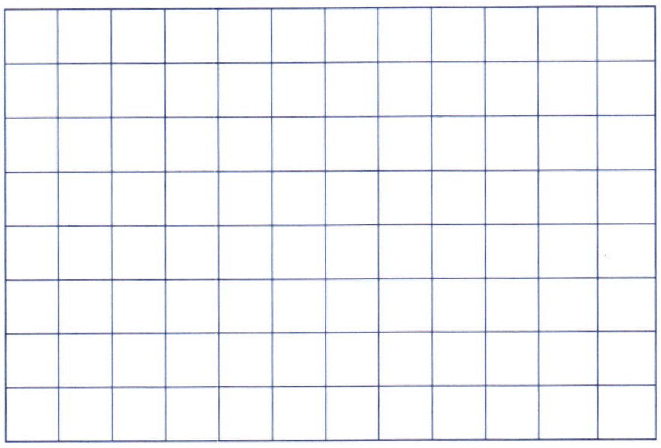

7 En utilisant des outils, **trace** une figure ayant un côté AB perpendiculaire à *xy* et un côté AC parallèle à *xy*.

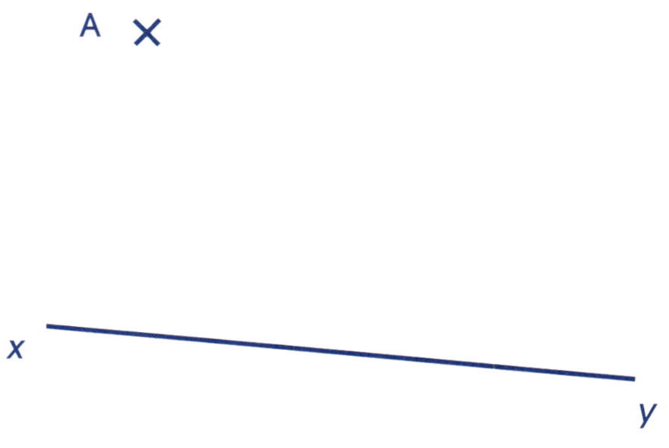

ÉVALUE-TOI

	oui	non
a. Je sais reconnaître un solide.	❑	❑
b. Je sais reconnaître l'empreinte d'un solide.	❑	❑
c. Je sais reconnaître des droites perpendiculaires.	❑	❑
d. Je sais reconnaître des droites parallèles.	❑	❑
e. Je sais tracer des droites perpendiculaires.	❑	❑
f. Je sais tracer des droites parallèles.	❑	❑

Nom : ....

Date : ....

Dans cette fiche, tu apprends à reproduire et dessiner à main levée le squelette de solides.
Les arêtes que l'on ne voit pas sont tracées en pointillé.

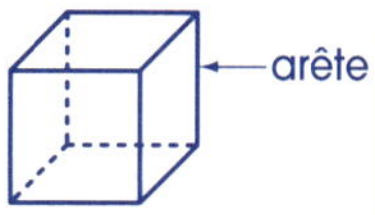

Squelette d'un solide

1 **Observe** les squelettes de solides.

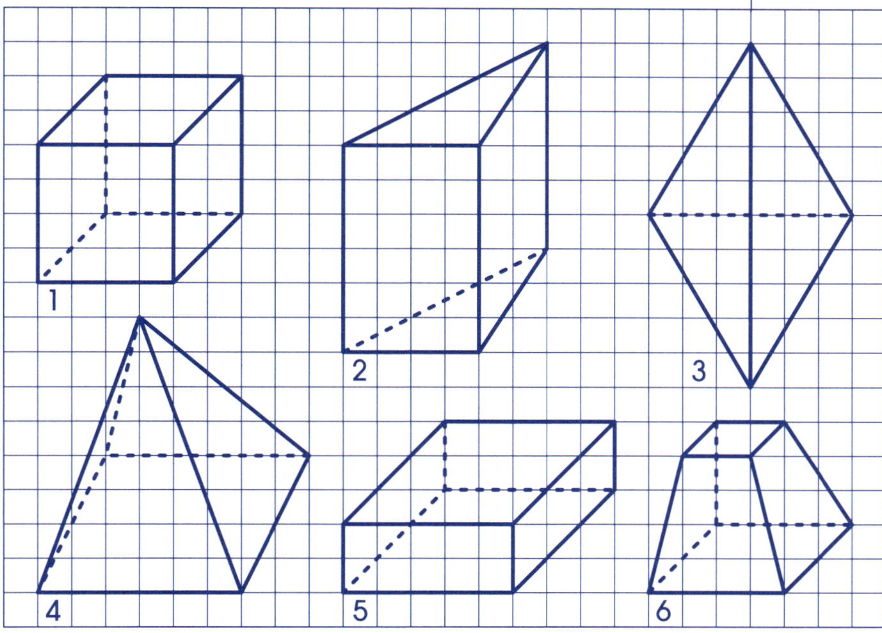

2 **Reproduis**-les sur le quadrillage ci-dessous.

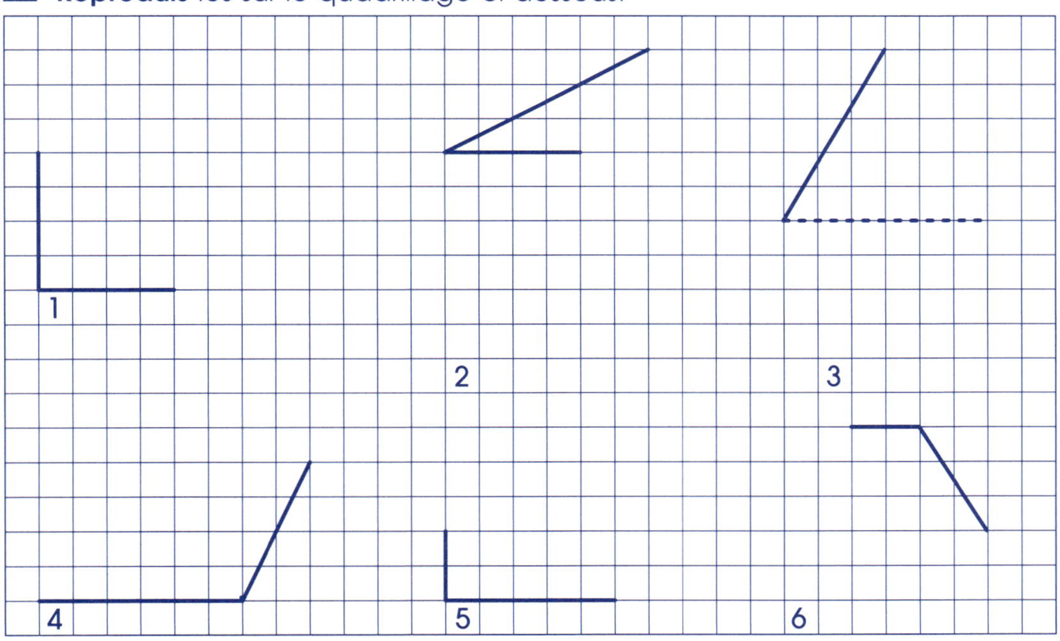

3 Maintenant, **trace** à main levée le squelette :

• du solide 2

• du solide 4

POUR T'AIDER

Reproduis le squelette d'un solide.

- **Repasse** en rouge les traits continus (——).
- **Repasse** en vert les traits en pointillé (- - - -).

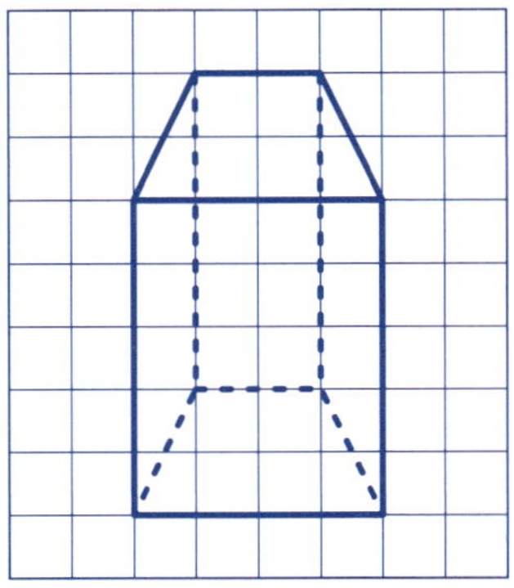

- **Trace** d'abord les traits continus. **Aide**-toi en comptant les cases.
- **Trace** ensuite les traits en pointillé.

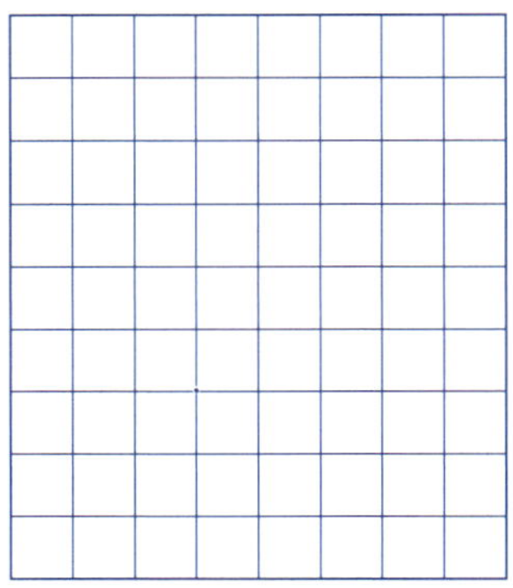

Trace à main levée.

Modèles	Tracés à main levée.
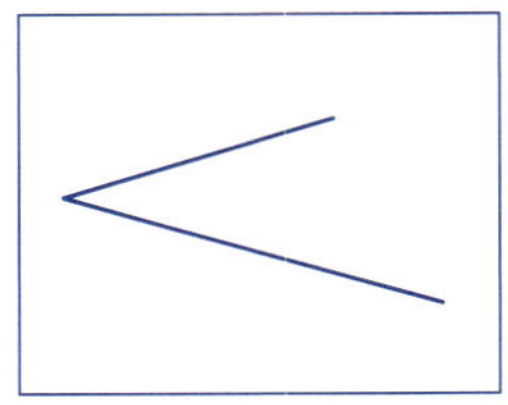	
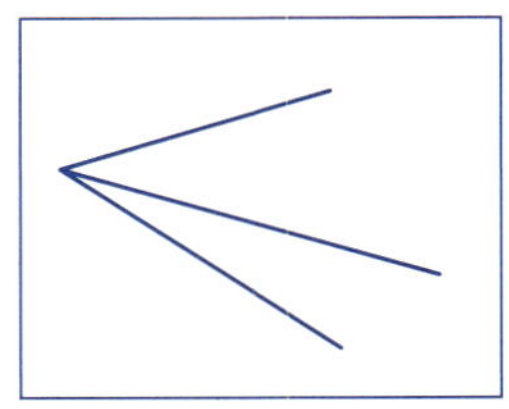	
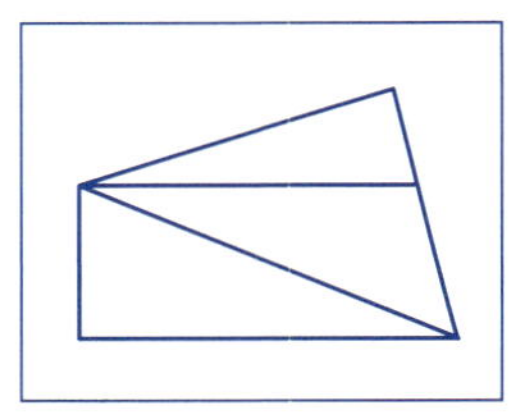	

POUR ALLER PLUS LOIN

Voici le squelette d'un solide beaucoup plus complexe.

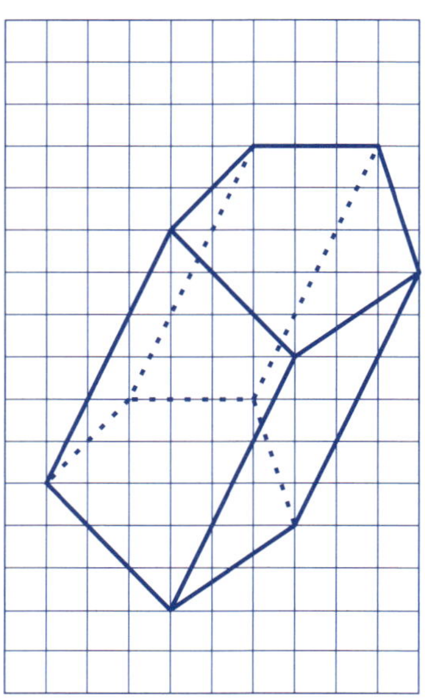

- **Reproduis**-le.

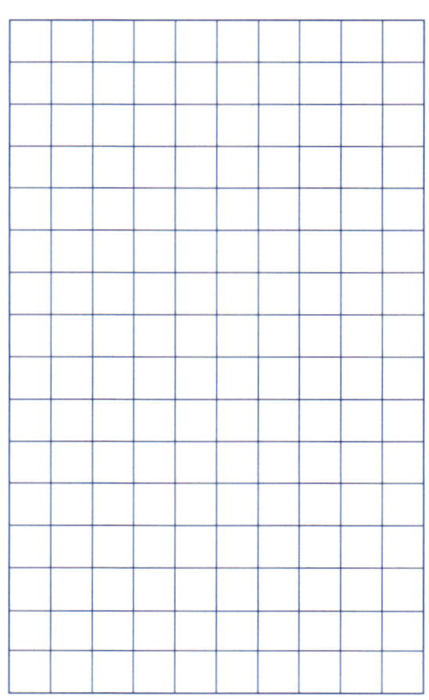

- **Trace**-le à main levée.

Nom : ....

Date : ....

Dans cette fiche, tu apprends à décrire un polyèdre et connaître ses caractéristiques.

Rappel :

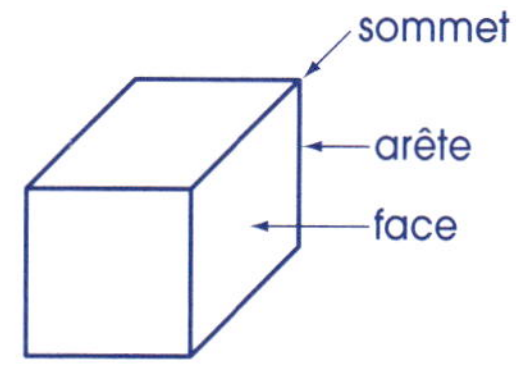

1 **Observe** les polyèdres ci-dessous, puis **complète** le tableau.

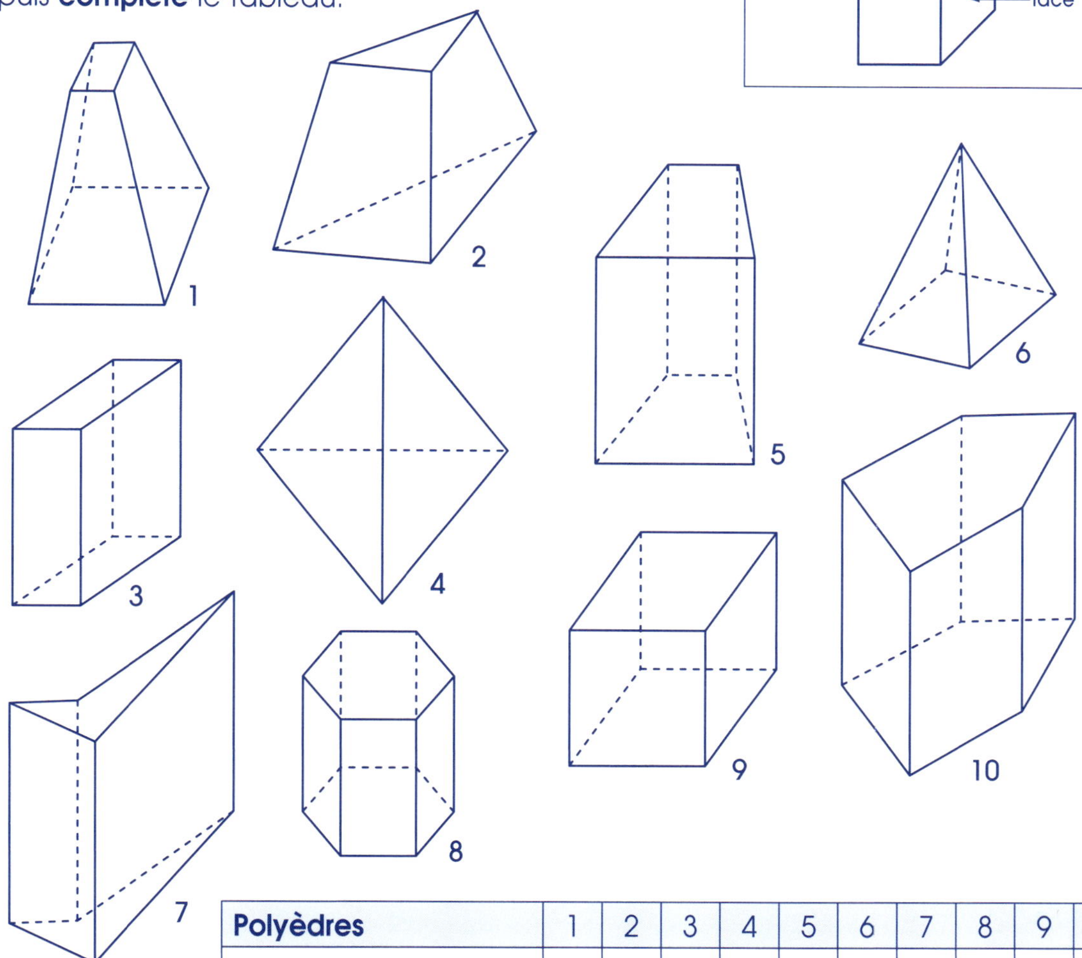

Polyèdres	1	2	3	4	5	6	7	8	9	10
Nombre de faces										
Nombre de sommets										
Nombre d'arêtes										

Cinq polyèdres ont la même description.
Inscris leur numéro dans les cases. ☐ ☐ ☐ ☐ ☐

2 Voici 2 polyèdres plus complexes. **Complète** leurs descriptions.

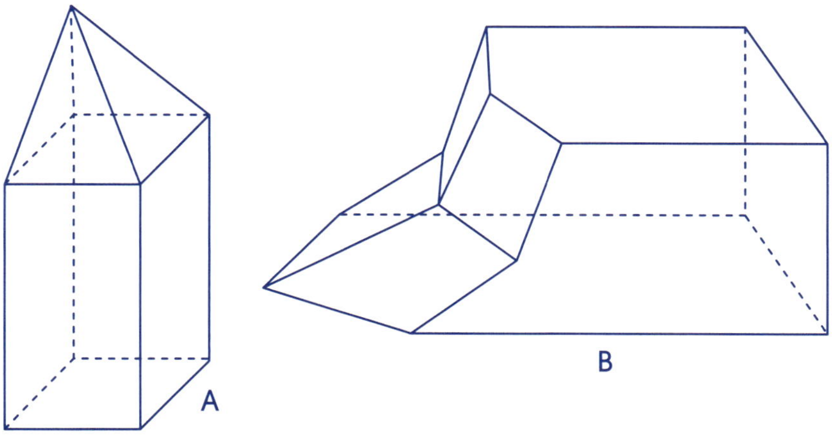

Le polyèdre **A** a :
- .... faces.
- .... sommets.
- .... arêtes.

Le polyèdre **B** a :
- .... faces.
- .... sommets.
- .... arêtes.

POUR T'AIDER

Voici le squelette d'un solide.
- Les arêtes que l'on voit sont marquées en trait plein (—).
- Les arêtes que l'on ne voit pas sont marquées en pointillé (- - -).

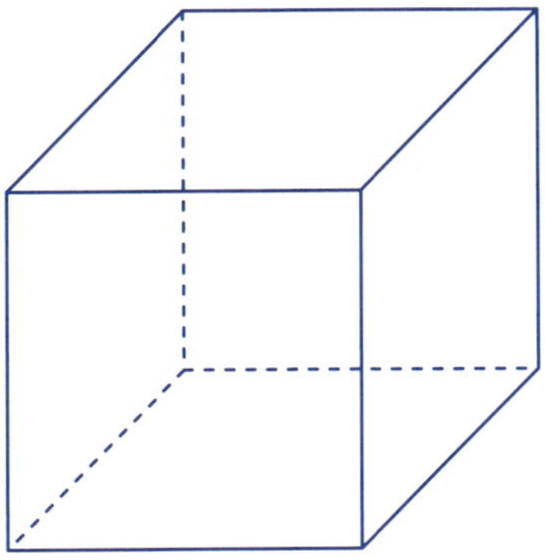

- **Marque** d'un point rouge les sommets.
- **Repasse** en vert les arêtes.
- **Marque** d'un rond plein (●) les faces cachées.
- **Marque** d'un rond (○) les faces visibles.
- **Complète** la description du solide :

Il a : .... faces.
.... sommets.
.... arêtes.

POUR ALLER PLUS LOIN

- À propos de l'exercice n° 1, **complète** le tableau et **fais** les calculs demandés.

Polyèdres	1	2	3	4	5	6	7	8	9	10
Nombre de faces (F)										
Nombre de sommets (S)										
***Calcule :** F + S =*										
Nombre d'arêtes (A)										
***Calcule :** (F + S) – A =*										

Si tu n'as pas fait d'erreur, tu dois trouver le même nombre à chaque fois.
- **Écris**-le dans la case. ☐

Un enfant a fait la description de 2 polyèdres. L'un d'eux a été mal décrit.
- **Colorie** en vert la case contenant sa description.

Polyèdre A	**Polyèdre B**
• *9 faces.*	• *10 faces.*
• *7 sommets.*	• *16 sommets.*
• *16 arêtes.*	• *24 arêtes.*

Nom : ....

Date : ....

Dans cette fiche, tu apprends à reconnaître les parties symétriques dans une figure et à repérer l'axe de symétrie.

1 Voici un cerf-volant.

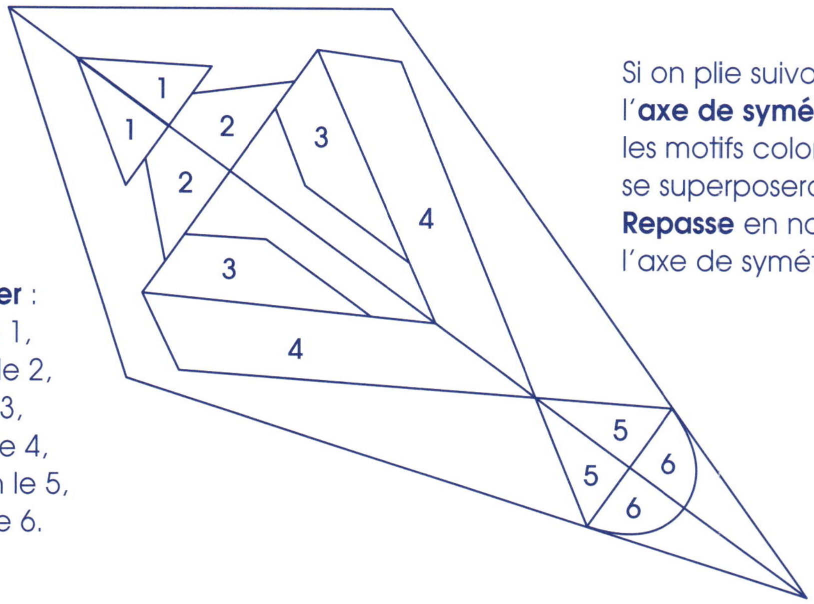

Si on plie suivant l'**axe de symétrie**, les motifs colorés se superposeront. **Repasse** en noir l'axe de symétrie.

Colorie sans appuyer :
- en bleu le 1,
- en rouge le 2,
- en vert le 3,
- en jaune le 4,
- en marron le 5,
- en violet le 6.

2 Voici 6 autres cerfs-volants.
Entoure en vert ceux dont les motifs sont symétriques.

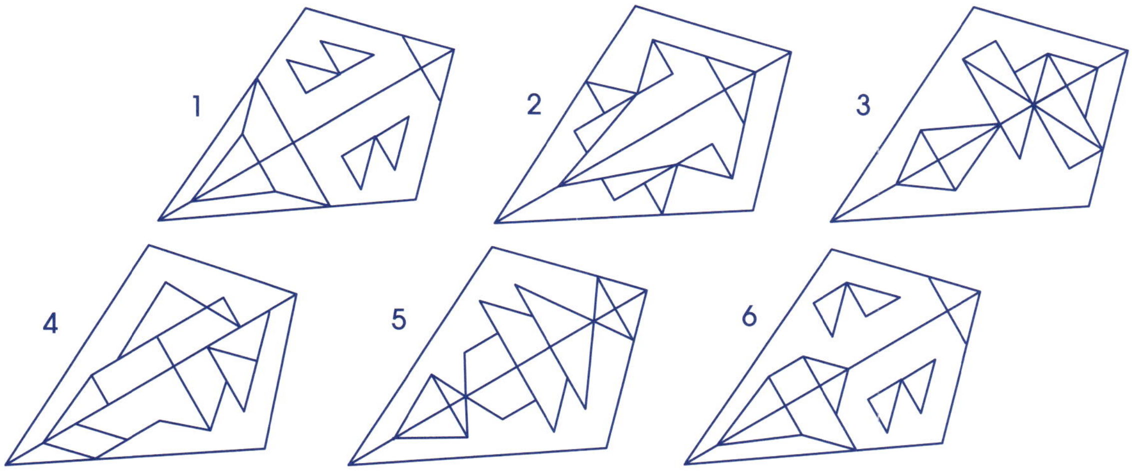

3 Voici des figures géométriques. À l'aide de ta règle, **trace** leur axe de symétrie.

POUR T'AIDER

Décalque la figure et **plie** suivant la droite AB.

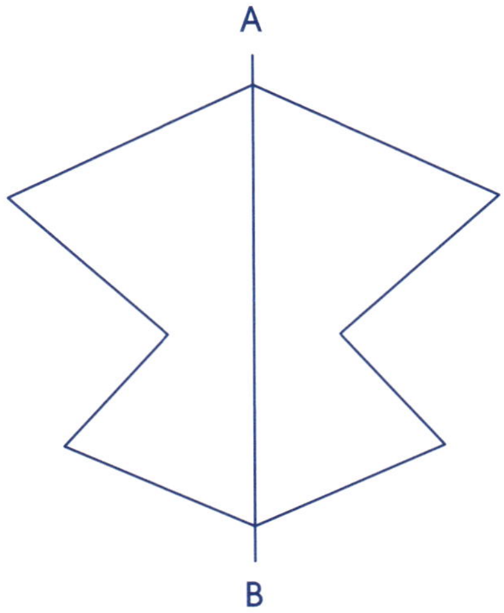

La droite AB est axe de symétrie.

oui ❑ *non* ❑

Fais de même avec la figure ci-dessous.

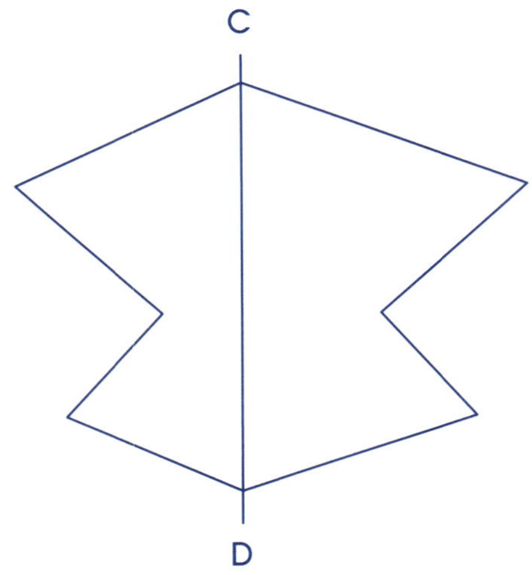

La droite CD est axe de symétrie.

oui ❑ *non* ❑

POUR ALLER PLUS LOIN

Une figure peut avoir plusieurs axes de symétrie.
Tu peux **reproduire** les figures ci-dessus sur du papier-calque et **effectuer** les pliages nécessaires pour déterminer le nombre d'axes de symétrie.
À l'aide de ta règle, **trace** en bleu les axes de symétrie et **indique** leur nombre dans le petit carré.

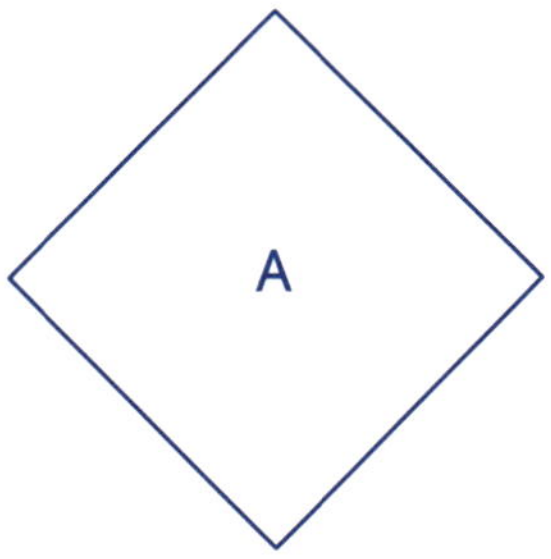

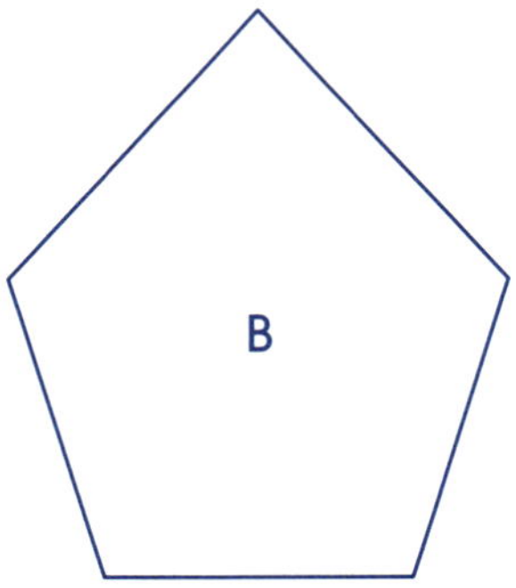

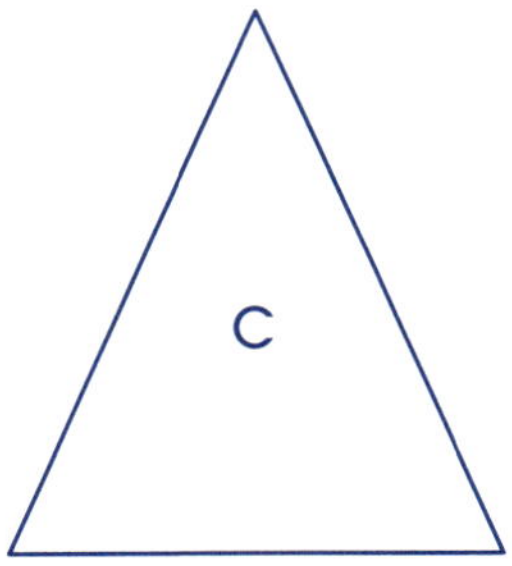

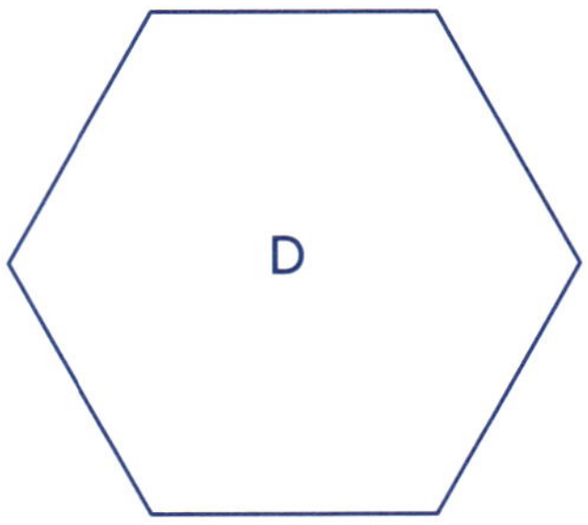

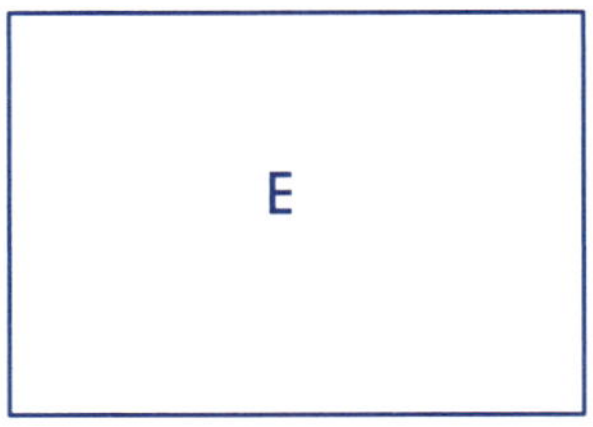

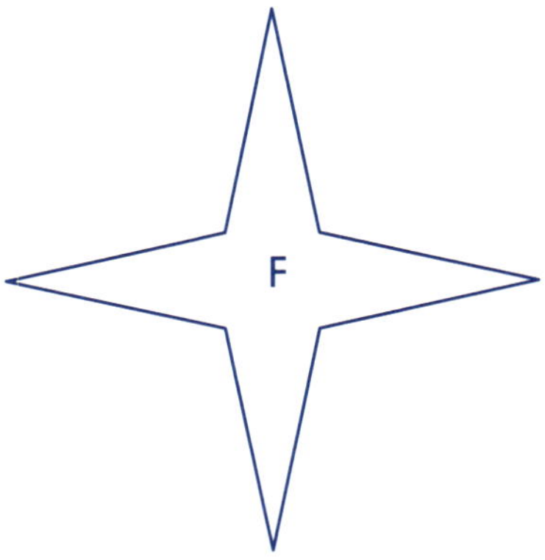

Nom : ....

Date : ....

Dans cette fiche, tu apprends à reconnaître des figures symétriques.

1 **Observe** les figures tracées sur le quadrillage et **indique** si elles sont symétriques par rapport à la droite AB.

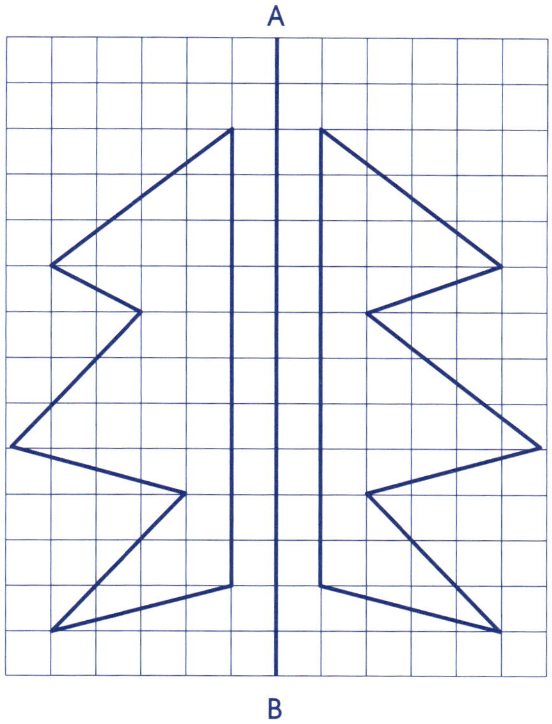

Les 2 figures sont symétriques.

oui ❏ *non* ❏

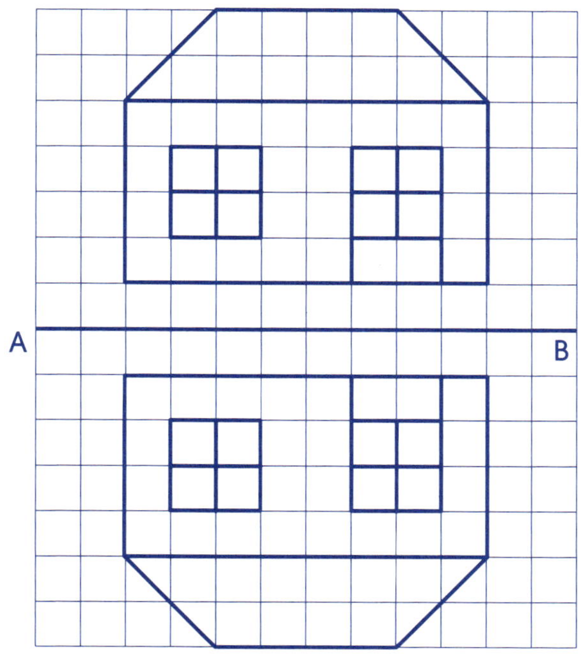

Les 2 figures sont symétriques.

oui ❏ *non* ❏

2 **Observe** les figures et **indique** si elles sont symétriques par rapport à la droite AB.

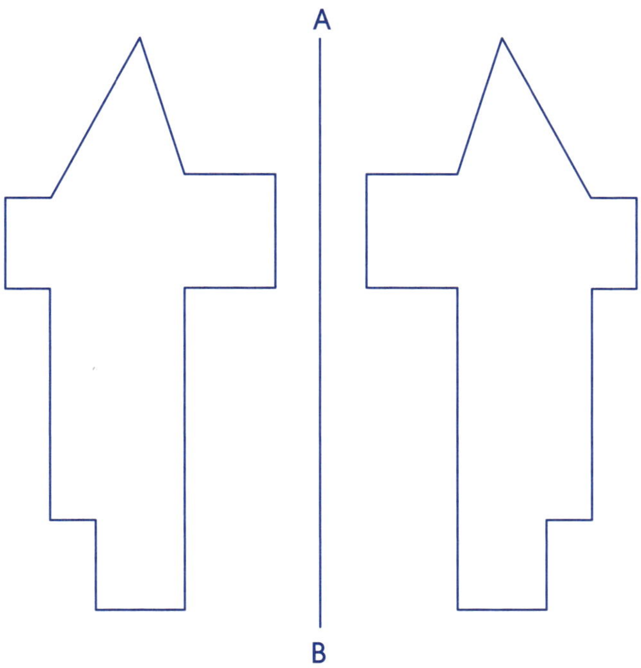

Les 2 figures sont symétriques.

oui ❏ *non* ❏

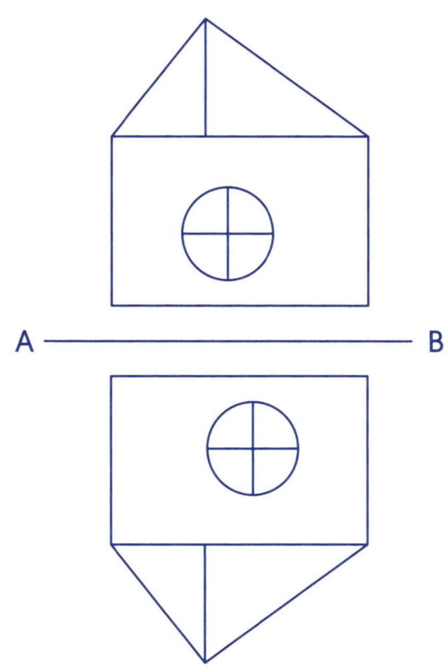

Les 2 figures sont symétriques.

oui ❏ *non* ❏

POUR T'AIDER

• **Décalque** les figures et **plie** suivant la droite AB.

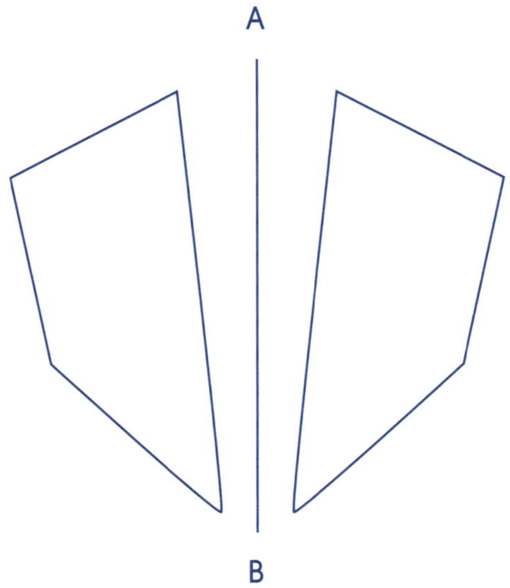

Les figures sont symétriques par rapport à l'axe AB.

oui ❑ *non* ❑

• **Fais** la même chose avec la figure ci-dessous :

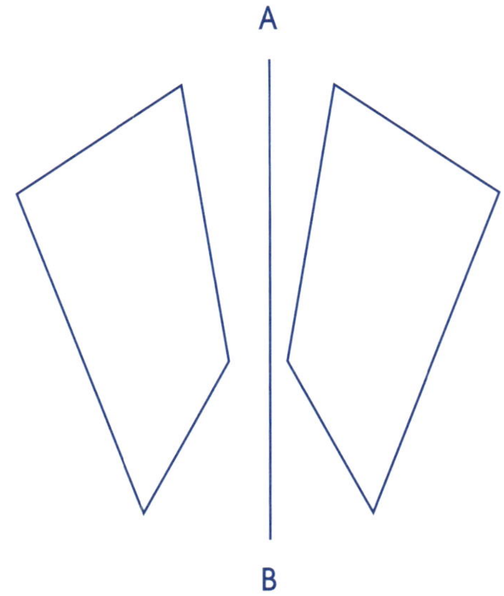

Les figures sont symétriques par rapport à l'axe AB.

oui ❑ *non* ❑

POUR ALLER PLUS LOIN

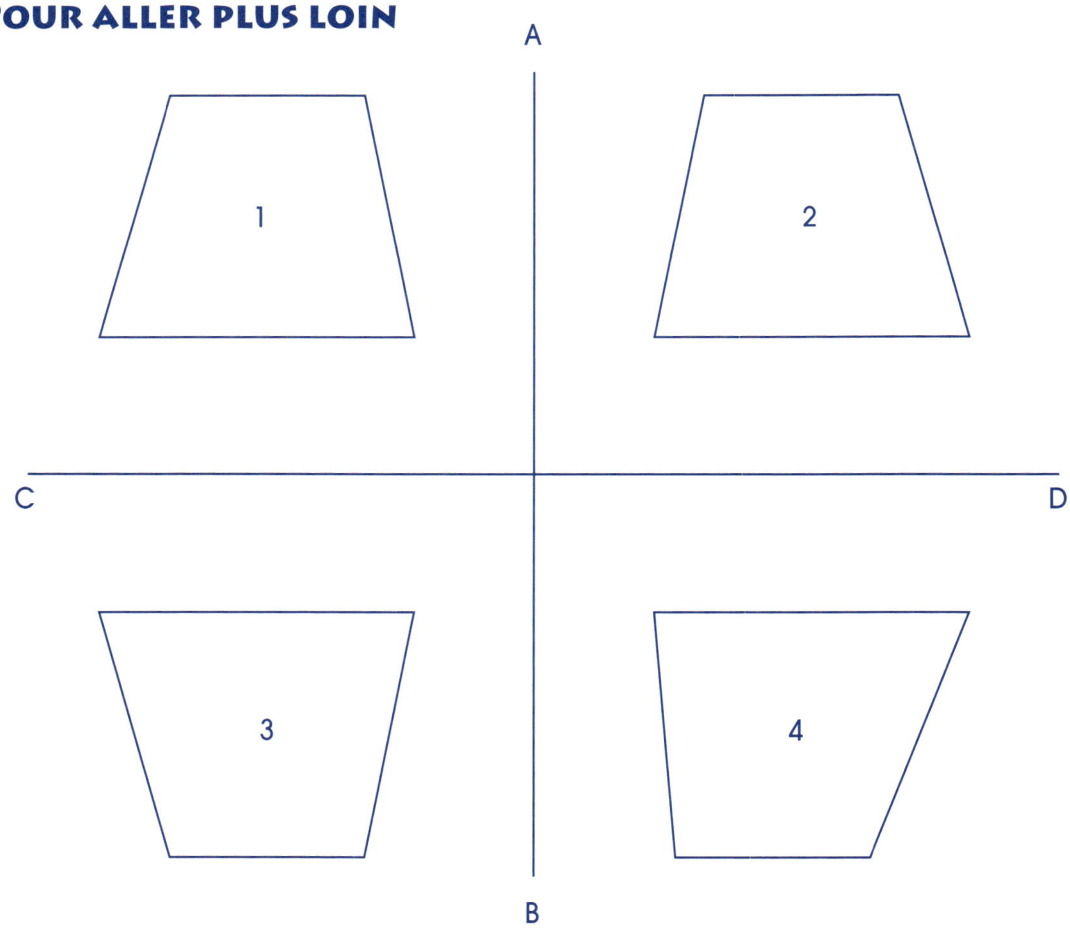

Coche la bonne réponse.

	oui	*non*
a. Les figures 1 et 2 sont symétriques par rapport à l'axe AB :	❑	❑
b. Les figures 3 et 4 sont symétriques par rapport à l'axe AB :	❑	❑
c. Les figures 1 et 3 sont symétriques par rapport à l'axe CD :	❑	❑
d. Les figures 2 et 4 sont symétriques par rapport à l'axe CD :	❑	❑

Nom : ....

Date : ....

Dans cette fiche, tu apprends à compléter une figure par symétrie axiale.

1 **Complète** la figure à l'aide du quadrillage et de l'axe de symétrie XY.

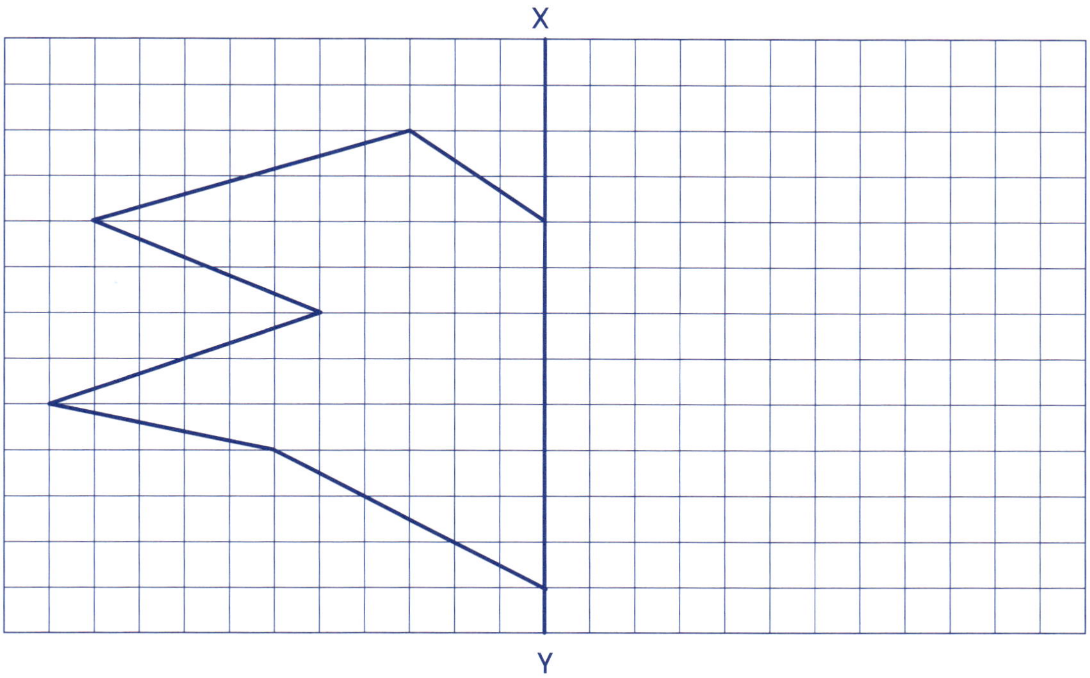

2 À l'aide des outils que tu as à ta disposition, **complète** la figure en utilisant l'axe de symétrie XY et **laisse** les traits de construction apparents.

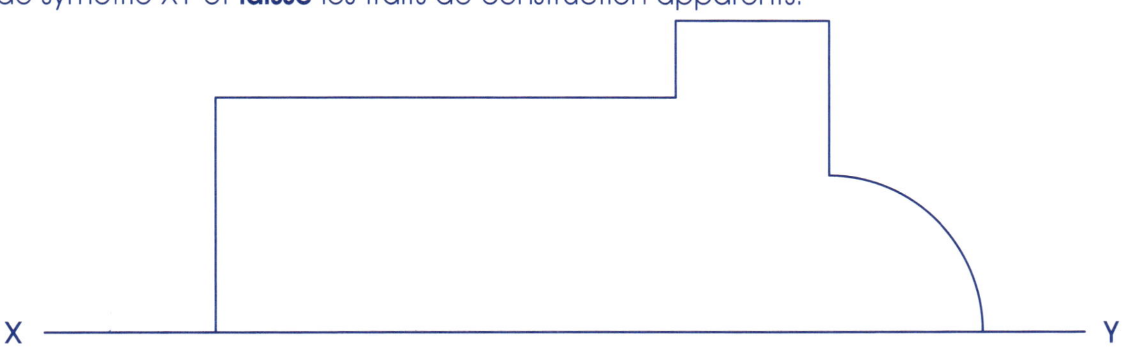

Entoure en vert les outils que tu as utilisés :

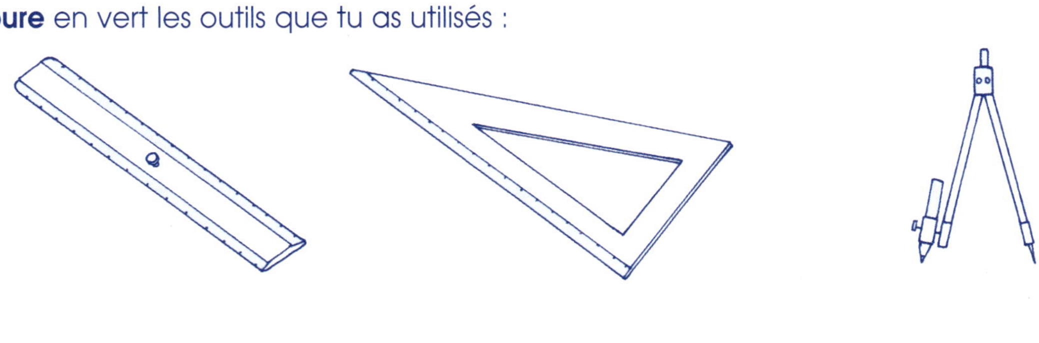

POUR T'AIDER

1. **Compléter** une figure par symétrie axiale sur un quadrillage.

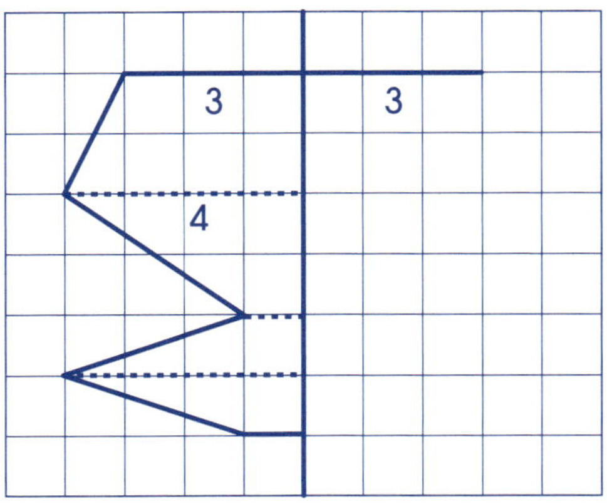

axe de symétrie

Tu dois **compter** le nombre de carreaux entre les sommets de la figure et l'axe de symétrie.

Termine le tracé en utilisant la règle.

2. **Compléter** une figure par symétrie axiale sur du papier uni.

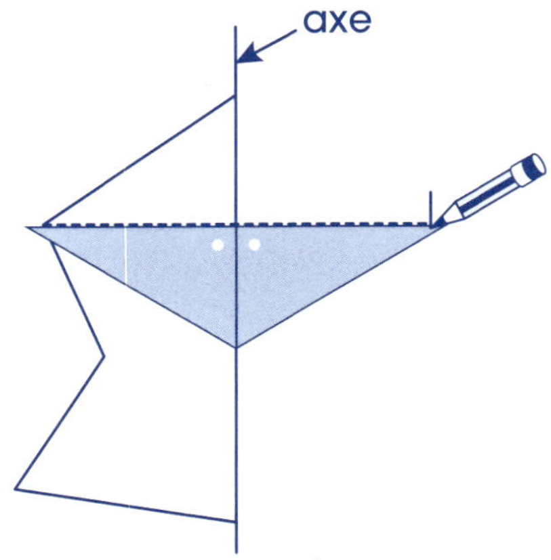

axe de symétrie

Termine le tracé en utilisant l'équerre et le double décimètre ou le compas.

POUR ALLER PLUS LOIN

La figure a 2 axes de symétrie. **Termine** son tracé.

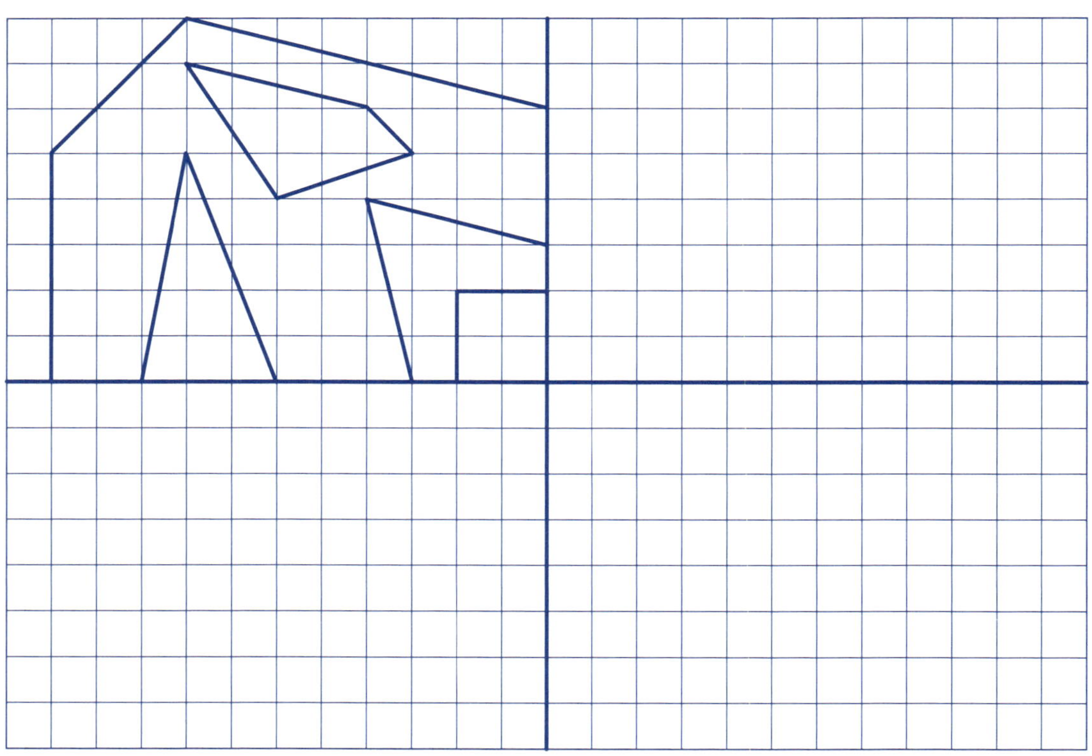

Nom : ....

Date : ....

Dans cette fiche, tu apprends à tracer des figures symétriques.

1 Sur le quadrillage, **trace** le symétrique de la figure représentant une cocotte en papier.

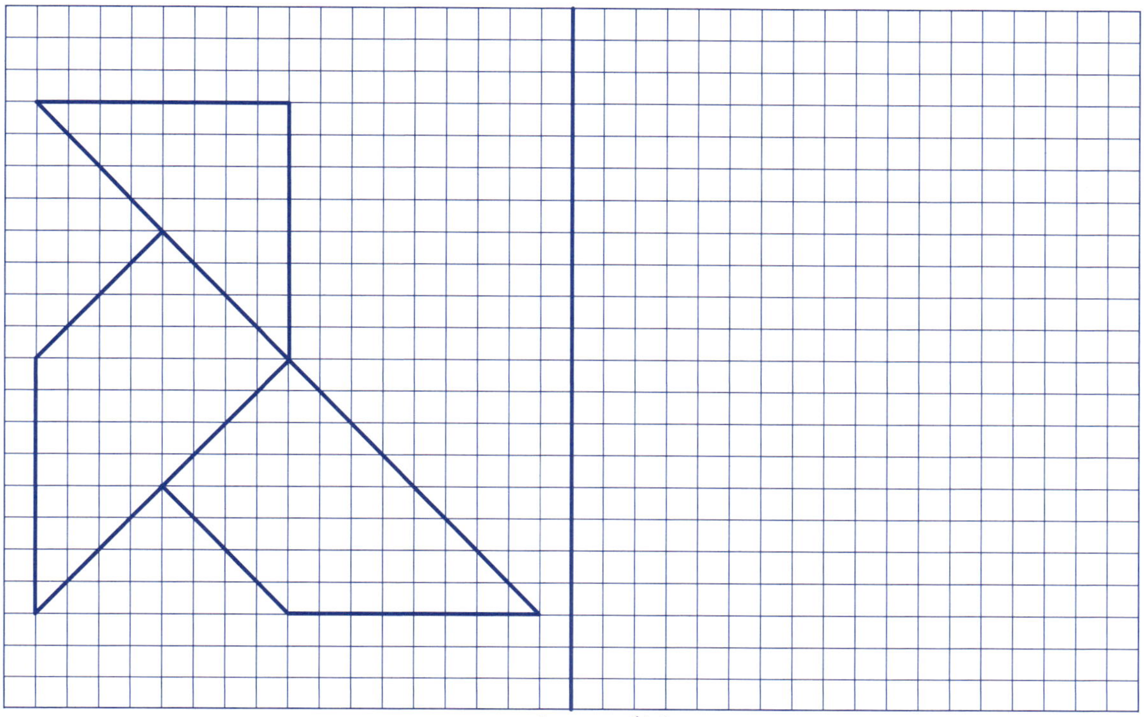

2 À l'aide des outils que tu as à ta disposition, **trace** le symétrique de la figure ci-dessous.

Pour t'aider

Tracer le symétrique d'une figure par rapport à un axe. Tu peux te reporter au *Pour t'aider* de la fiche précédente.

– **Observe** comment est placé le point R_1, symétrique du point R par rapport à la droite AB.

– **Place** les points S_1, P_1 et Q_1, symétriques des points S, P et Q.

– **Trace** la figure R_1 S_1 P_1 Q_1.

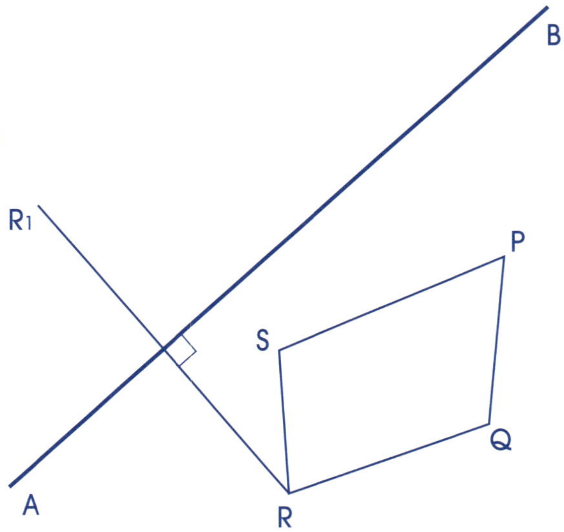

Pour aller plus loin

1. Voici une figure et son symétrique.

– **Trace** à main levée l'axe de symétrie.

– Puis **trace** l'axe de symétrie en utilisant des outils.

2. Ensuite, **trace** les symétriques des deux figures par rapport à la droite AB.

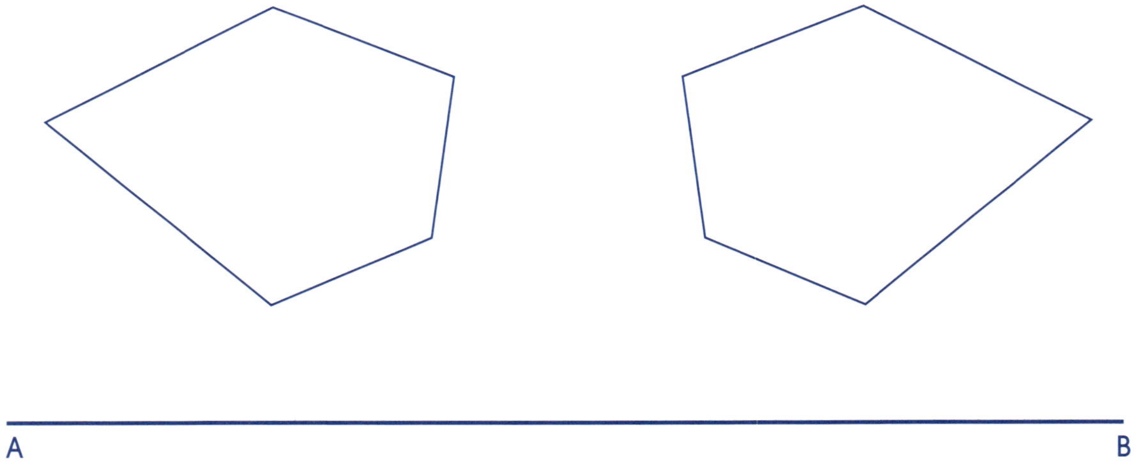

Nom : ....

Date : ....

1 Un enfant a construit une église avec des solides.
Colorie de la même couleur le squelette et le solide qui lui correspond.

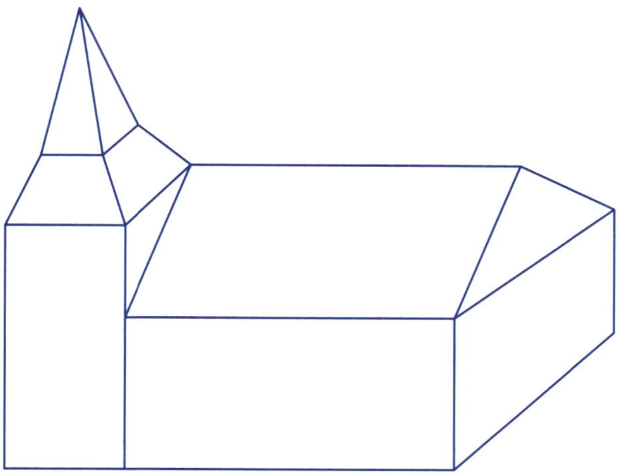

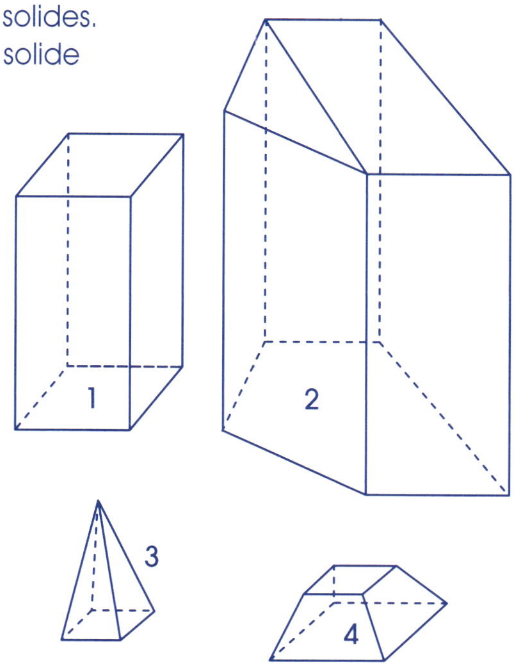

2 **Retrouve** la carte d'identité de chaque polyèdre en **marquant** son numéro dans le cercle.

• *8 sommets.* • *6 faces.* • *12 arêtes.* ◯	• *5 sommets.* • *5 faces.* • *8 arêtes.* ◯	• *8 sommets.* • *6 faces.* • *12 arêtes.* ◯	• *10 sommets.* • *7 faces.* • *15 arêtes.* ◯

3 Voici des figures géométriques. À l'aide de ta règle, **trace** le (ou les) axe(s) de symétrie.

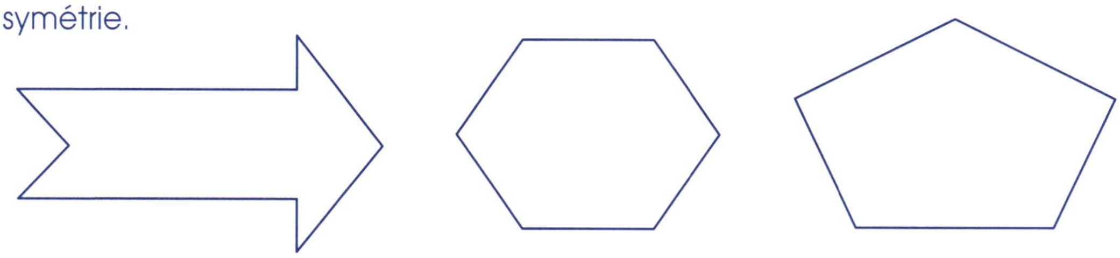

4 **Coche** la bonne réponse.

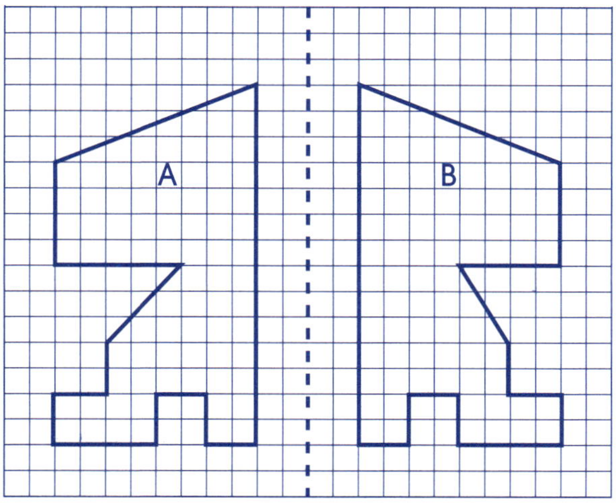

Les figures A et B sont symétriques.
oui ❑ ***non*** ❑

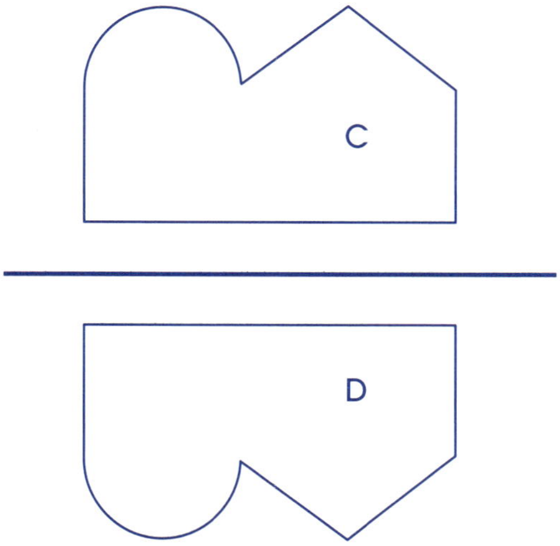

Les figures C et D sont symétriques.
oui ❑ ***non*** ❑

5 Un château a été construit au bord de la rivière. Il se reflète dans l'eau.

Dessine le reflet du château dans l'eau de la rivière.

6 Le château a un autre axe de symétrie. **Trace**-le en noir.

Évalue-toi

	oui	*non*
a. Je sais associer un solide et son squelette.	❏	❏
b. Je sais décrire un polyèdre.	❏	❏
c. Je sais reconnaître une figure ayant un axe de symétrie.	❏	❏
d. Je sais reconnaître des figures symétriques.	❏	❏
e. Je sais tracer le symétrique d'une figure.	❏	❏

Nom : ……………………………………………

Date : ……………………………………………

Dans cette fiche, tu vas devoir reconnaître le patron d'un solide.
Un patron permet par pliage et collage de construire un solide.

1 **Colorie** chaque solide et le patron qui lui correspond d'une même couleur.

Solides

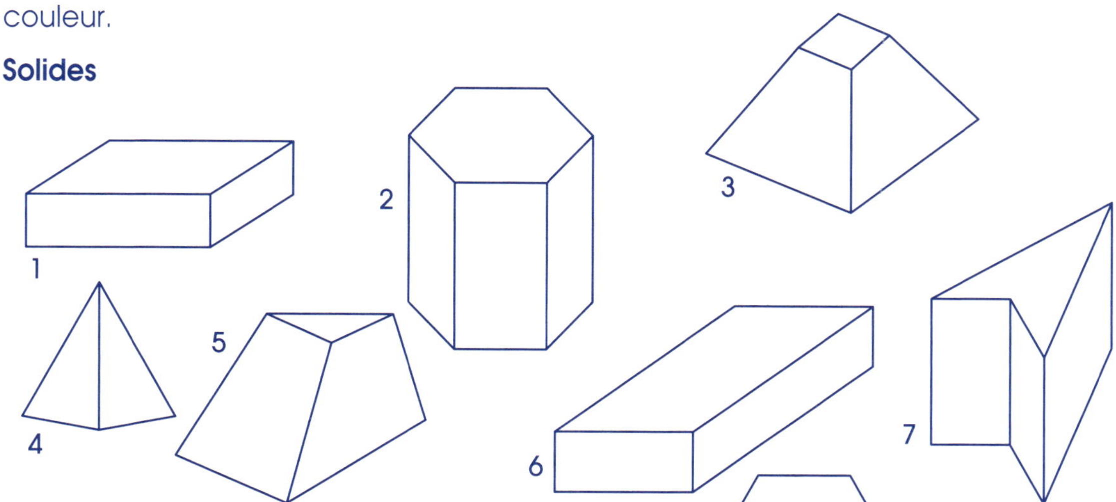

Patrons

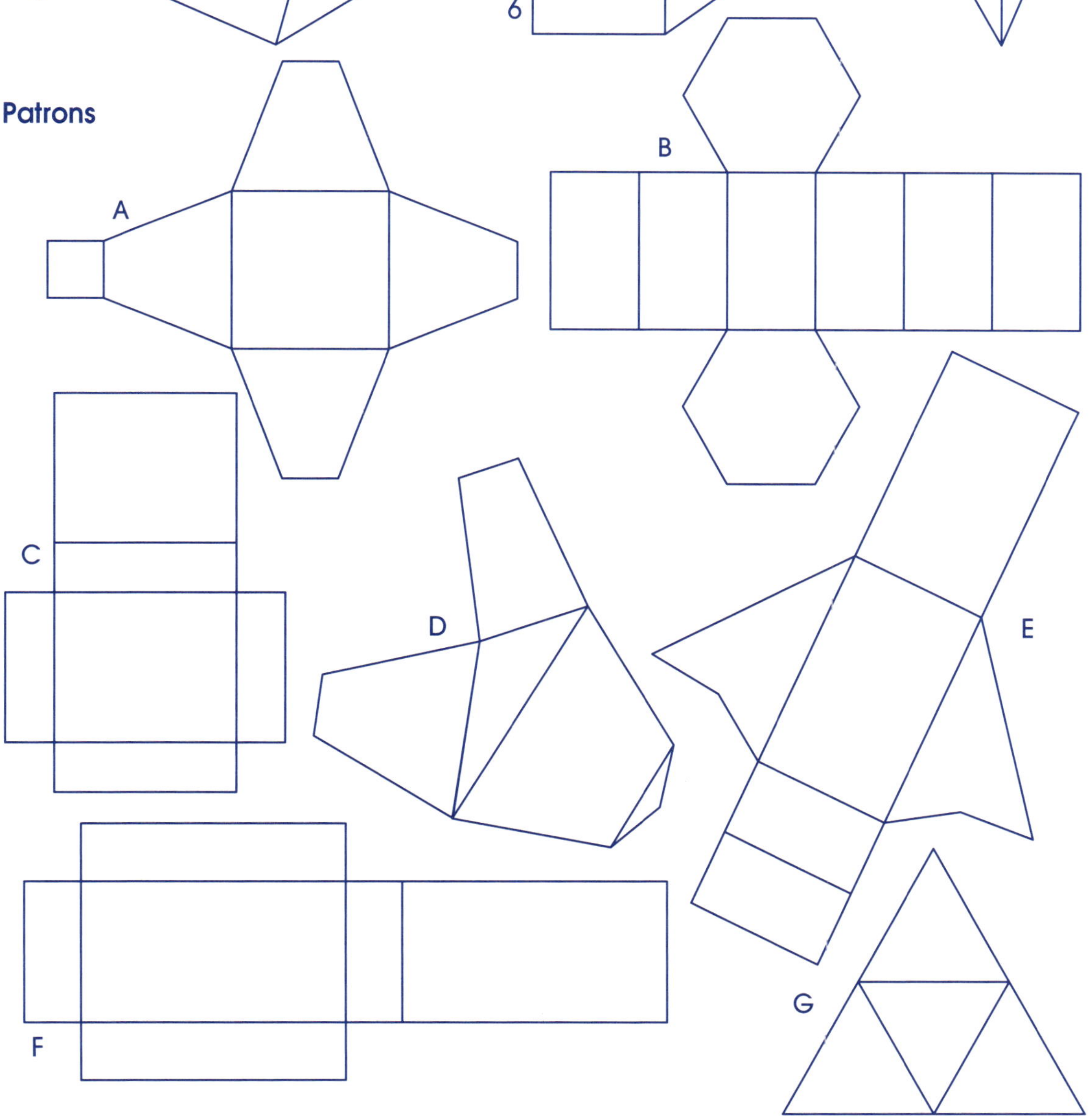

2 Tu peux **vérifier** ton travail en **découpant** les patrons et en **effectuant** les pliages.

POUR T'AIDER

Les polyèdres 1 et 2 se ressemblent.

- Pour retrouver leur patron, **observe** leur partie supérieure.

La face supérieure d'un des polyèdres est un polygone.

La partie supérieure d'un des polyèdres se termine par une pointe.

- **Complète** :

  A est le patron du solide ....

  B est le patron du solide ....

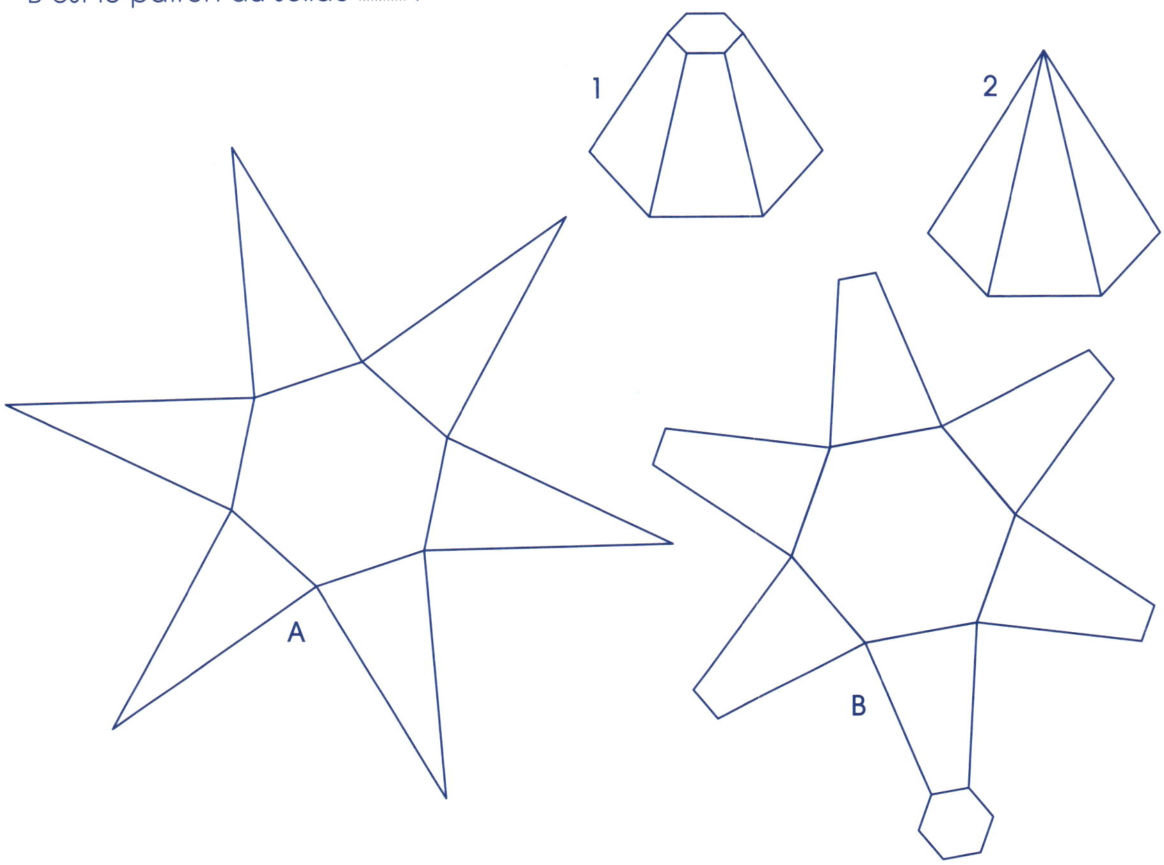

POUR ALLER PLUS LOIN

Des polyèdres peu différents.

- **Associe** chaque solide et son patron en les **coloriant** de la même couleur.

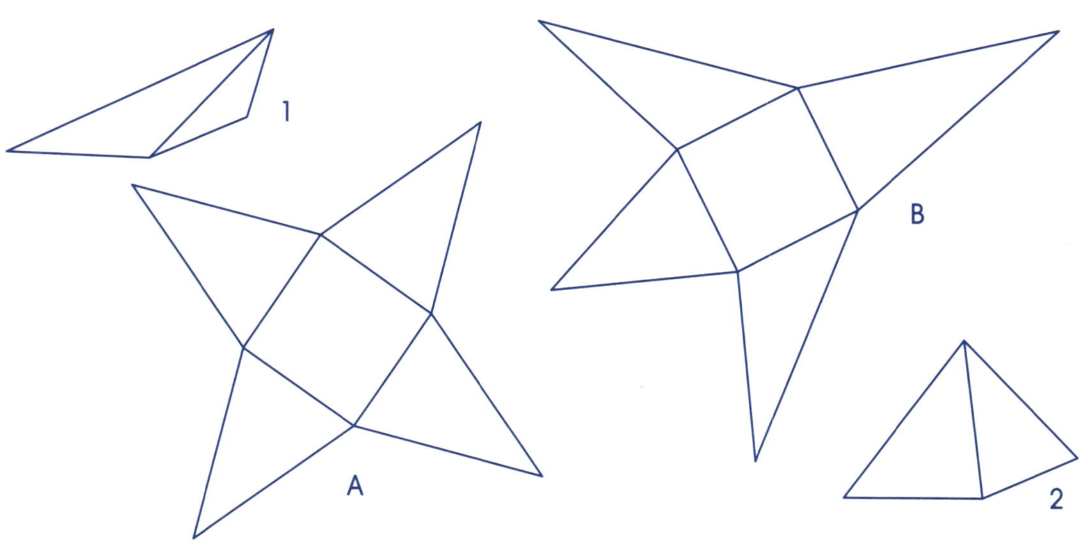

Nom : ....

Date : ....

Dans cette fiche, tu apprends à construire un cube.
Tu pourras réaliser, avec tes camarades, des assemblages avec les cubes obtenus.

Tu as besoin :
- *d'un compas ;*
- *d'une paire de ciseaux ;*
- *d'une feuille de bristol ;*
- *d'une règle ;*
- *d'un double décimètre ;*
- *d'un crayon à papier ;*
- *de colle.*

Tu vas construire un cube, mais le patron de ce cube n'est pas terminé.

1 Sur une feuille de papier uni :

Dessine à main levée le patron du cube.

N'oublie pas de placer les languettes de collage. (**Attention** : toutes les arêtes n'ont pas forcément une languette de collage.)

2 **Termine** le patron du cube qui a été commencé.

3 **Construis** le cube en suivant les consignes :

Découpe le patron du cube avec les languettes de collage et **colle**-le sur la feuille de bristol.

Découpe à nouveau le patron.

Avec un crayon à papier, **repasse** sur les arêtes afin de faciliter le pliage.

Effectue les pliages. (Attention au sens !)

POUR T'EXERCER

Assemblages

- Avec les cubes construits, **réalise** les assemblages suivants et **indique** le nombre de cubes nécessaires.

Assemblage n° 1 :

Nombre de cubes nécessaires : ....

Assemblage n° 2 :

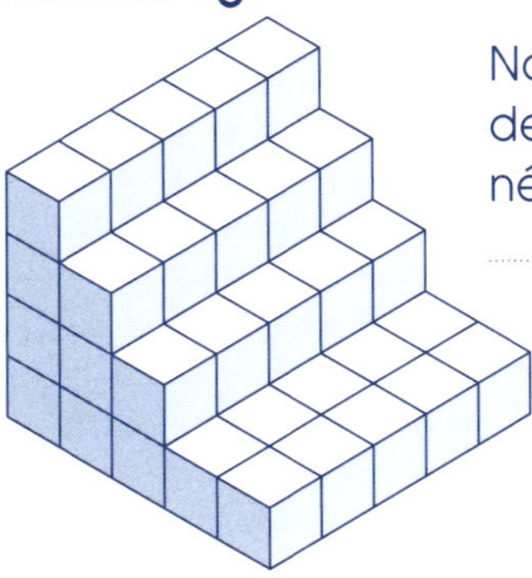

Nombre de cubes nécessaires : ....

Assemblage n° 3 :

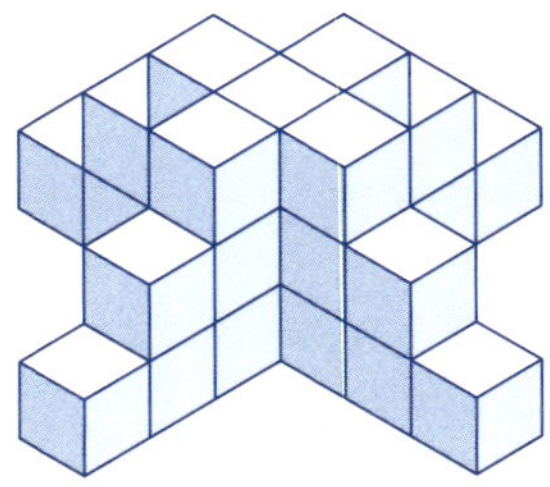

Nombre de cubes nécessaires : ....

POUR ALLER PLUS LOIN

- Voici des patrons. **Colorie** en jaune ceux qui permettent de construire un cube.
- **Vérifie** si nécessaire en construisant le cube.

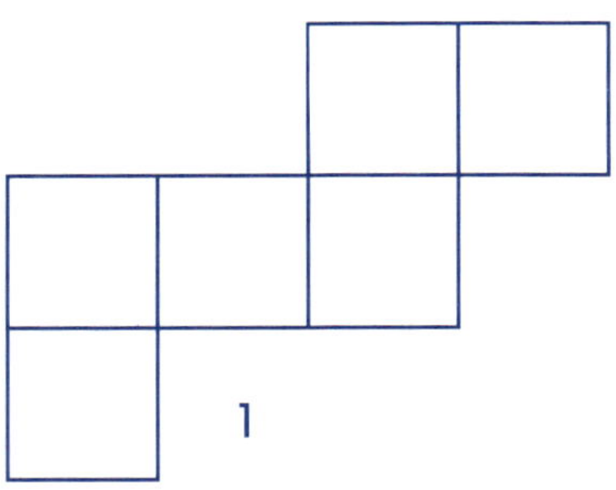

1

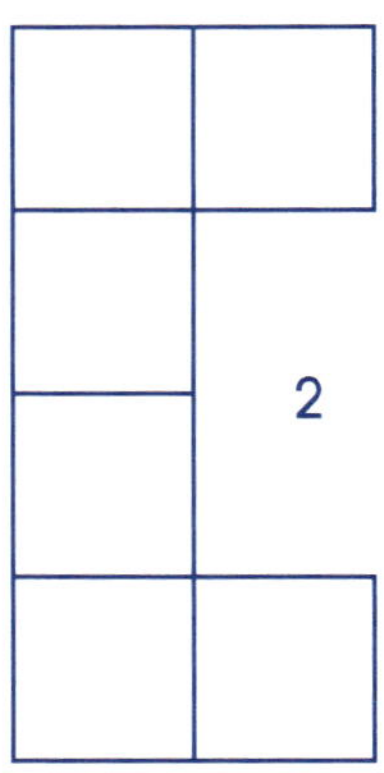

2

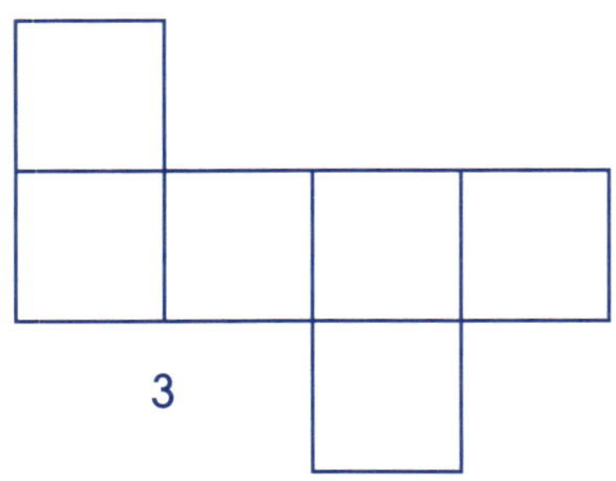

3

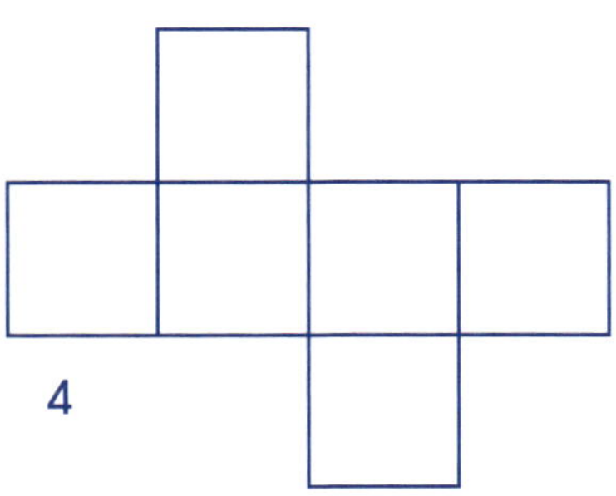

4

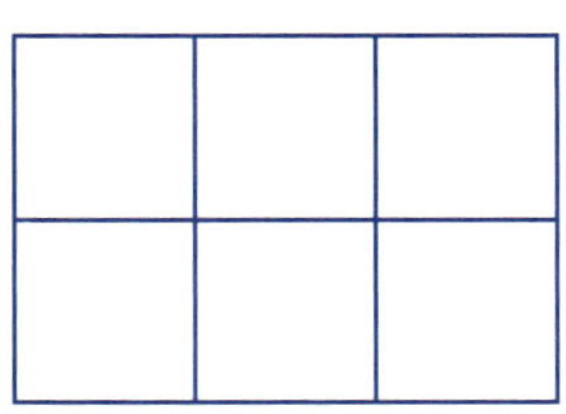

5

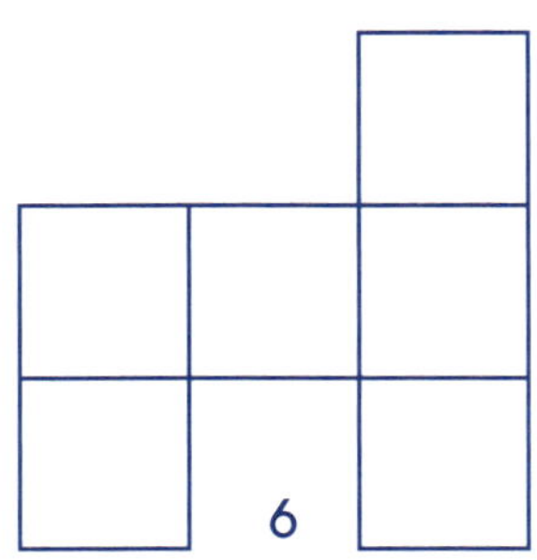

6

Nom : ....

Date : ....

Dans cette fiche, tu apprends à construire un parallélépipède rectangle. Tu pourras réaliser, avec tes camarades, des assemblages avec les parallélépipèdes rectangles obtenus.

Tu as besoin :
- *d'un compas ;*
- *d'une paire de ciseaux ;*
- *d'une feuille de bristol ;*
- *d'une règle ;*
- *d'un double décimètre ;*
- *d'un crayon à papier ;*
- *de colle.*

Tu vas construire un parallélépipède rectangle, mais le patron de ce parallélépipède rectangle n'est pas terminé.

Sur une feuille de papier uni :

1 **Dessine** à main levée le patron du parallélépipède rectangle.

N'oublie pas de placer les languettes de collage. (**Attention** : toutes les arêtes n'ont pas forcément une languette de collage.)

2 **Termine** le patron du parallélépipède rectangle qui a été commencé.

3 **Construis** le parallélépipède rectangle en suivant les consignes :

Découpe le patron du parallélépipède rectangle avec les languettes de collage et **colle**-le sur la feuille de bristol.

Découpe à nouveau le patron.

Avec un crayon à papier, **repasse** sur les arêtes afin de faciliter le pliage.

Effectue les pliages. (Attention au sens !)

Si tu as des difficultés, **observe** un parallélépipède rectangle.

POUR T'EXERCER

Assemblages

- Avec les parallélépipèdes construits, **réalise** les assemblages suivants et **indique** le nombre de parallélépipèdes rectangles nécessaires.

Assemblage n° 1 :
Nombre de parallélépipèdes rectangles nécessaires : ....

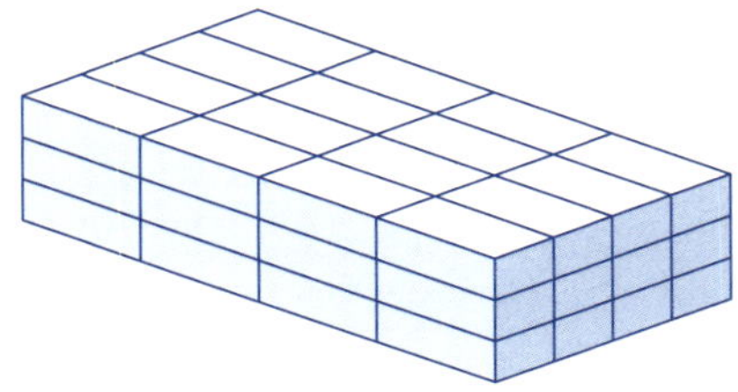

Assemblage n° 2 :
Nombre de parallélépipèdes rectangles nécessaires : ....

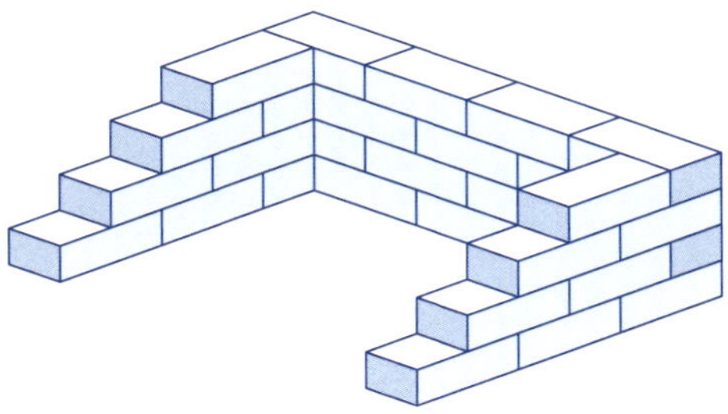

Assemblage n° 3 :
Nombre de parallélépipèdes rectangles nécessaires : ....

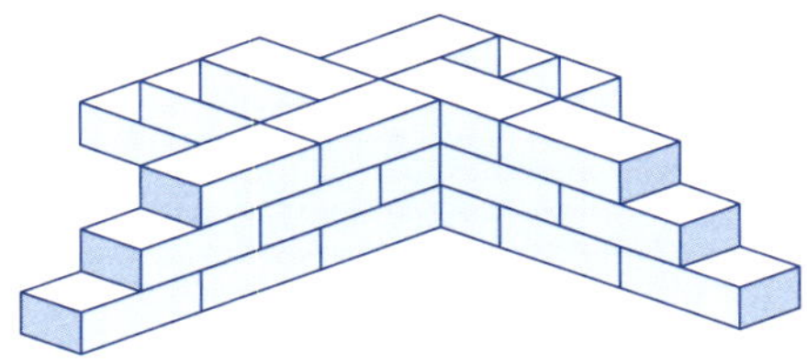

POUR ALLER PLUS LOIN

- Voici des patrons. **Colorie** en jaune ceux qui permettent de construire un parallélépipède rectangle.
- **Vérifie** si nécessaire en construisant le parallélépipède rectangle.

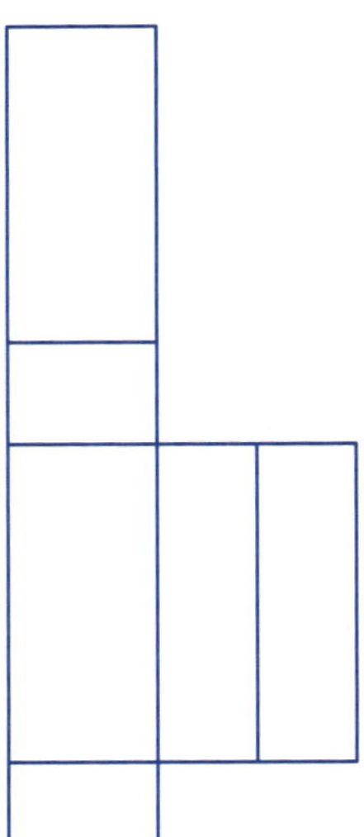

1

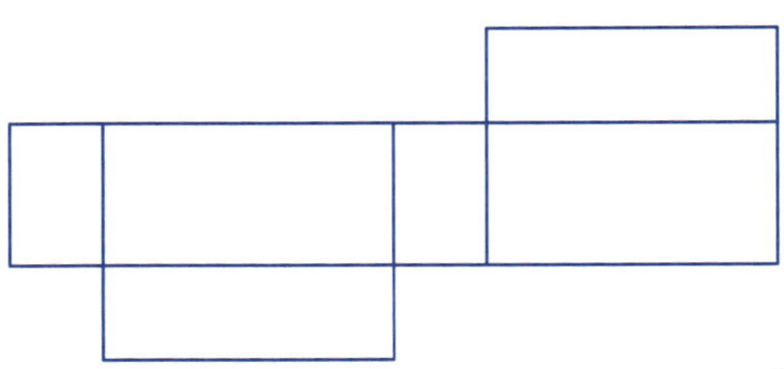

2

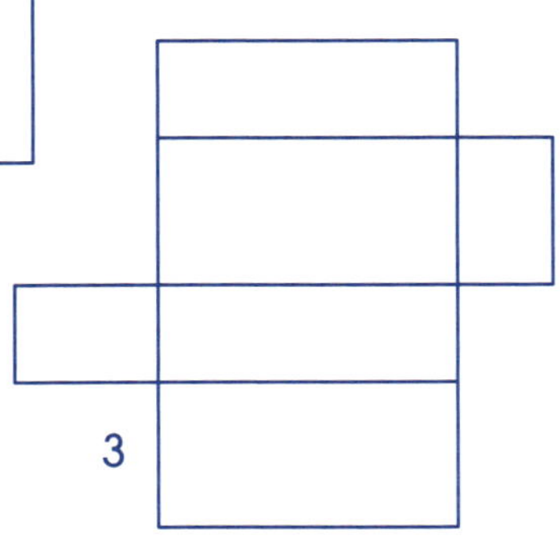

3

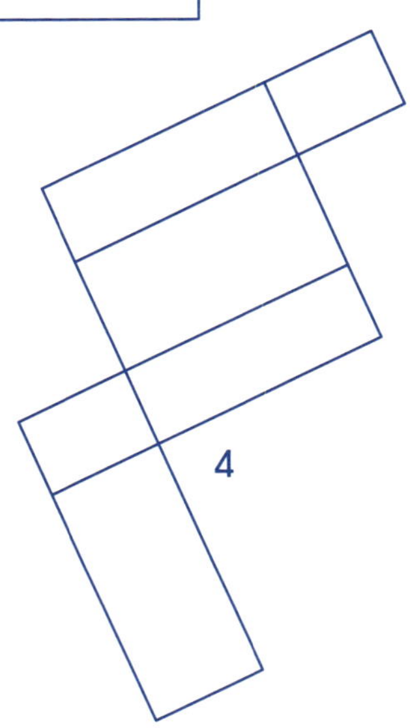

4

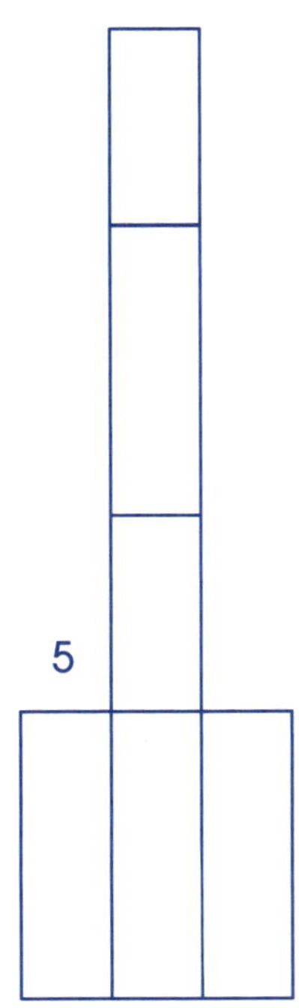

5

Nom : ....

Date : ....

Dans cette fiche, tu apprends à reconnaître et nommer des figures planes.

1 Colorie :

– En vert, les figures qui ont tous leurs côtés courbes.
– En violet, celles qui ont un ou des côtés courbes et des côtés droits.
– En marron, celles qui n'ont que des côtés droits.

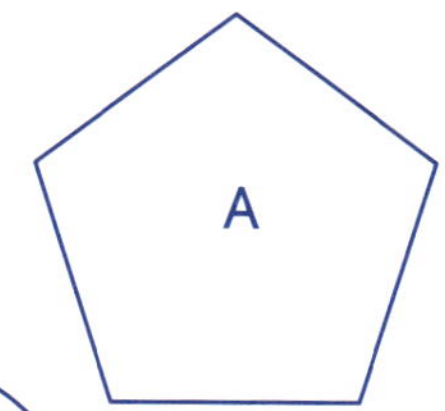

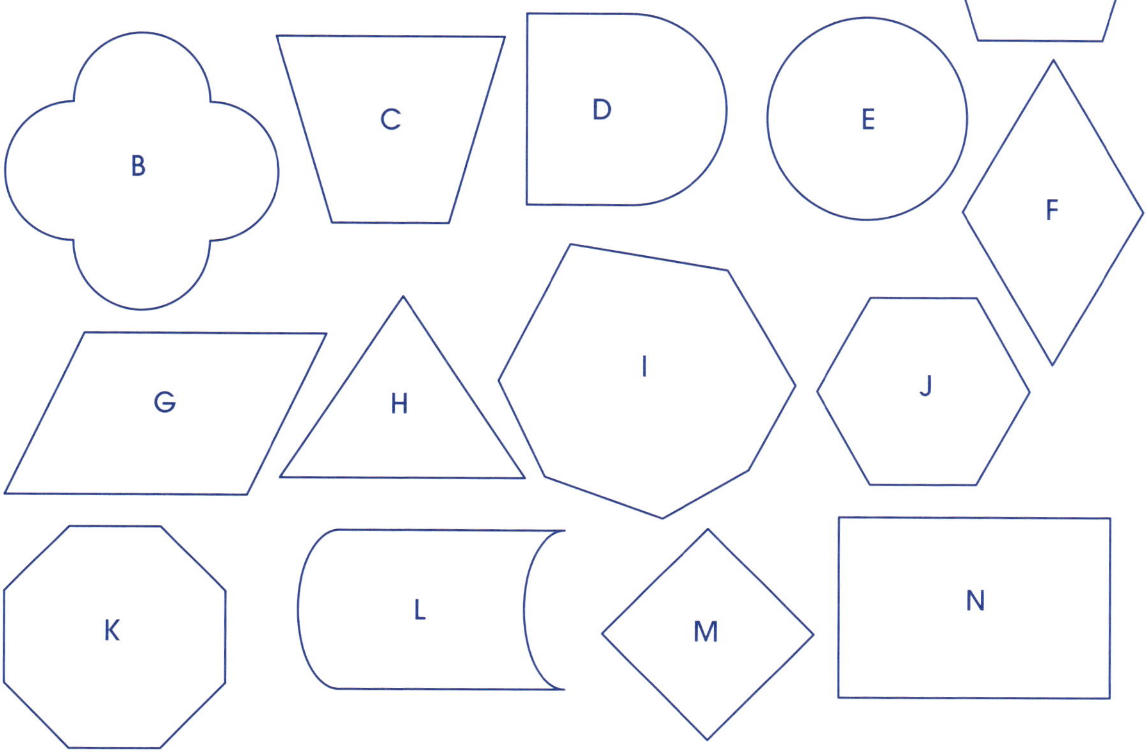

2 Complète le tableau en mettant une croix dans les bonnes cases.

Figure	A	B	C	D	E	F	G	H	I	J	K	L	M	N
Tous les côtés sont courbes														
Au moins un des côtés est courbe														
Tous les côtés sont droits														

3 Écris dans la case la ou les lettres qui correspondent à la description.

a. J'ai 3 côtés droits : ☐ •

b. J'ai 4 côtés droits : ☐☐☐☐☐ •

c. J'ai 5 côtés droits : ☐ •

d. J'ai 6 côtés droits : ☐ •

e. J'ai 7 côtés droits : ☐ •

f. J'ai 8 côtés droits : ☐ •

4 Relie la description de la figure à son nom. *(Tu peux t'aider de ton dictionnaire.)*

• **un pentagone**

• **un octogone**

• **un heptagone**

• **un quadrilatère**

• **un triangle**

• **un hexagone**

POUR T'AIDER

1. Reconnaître les côtés d'une figure plane.
Une figure plane peut avoir :
– un (ou des) côté(s) courbe(s) ;
– un (ou des) côté(s) droit(s).

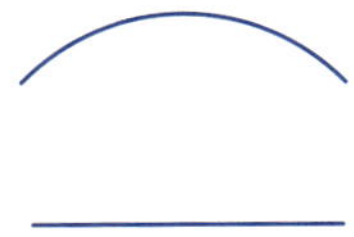

Sur la figure ci-contre :
– **repasse** en vert les côtés courbes ;
– **repasse** en violet les côtés droits.

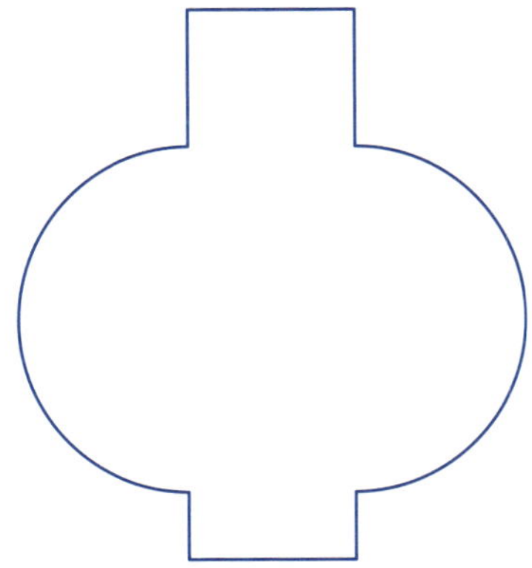

2. Décrire une figure plane.
La figure **A** possède :

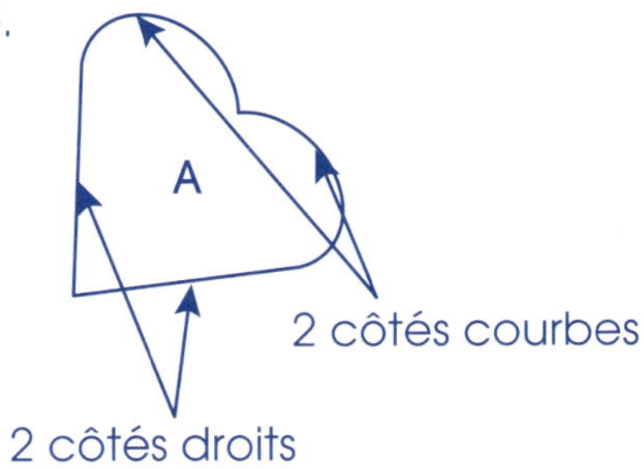

Entraîne-toi en complétant la description des figures planes ci-dessous.

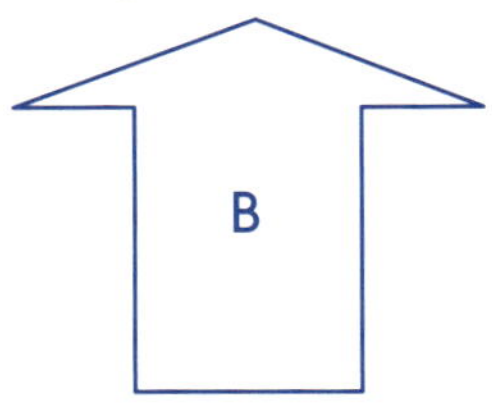

La figure **B** possède :
.... côté courbe ;
.... côtés droits.

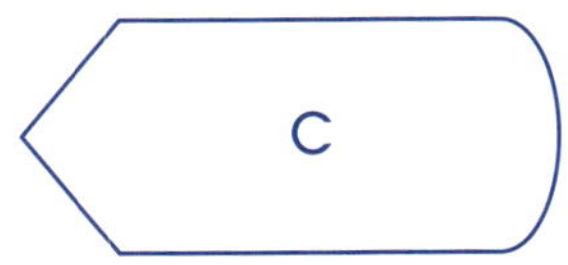

La figure **C** possède :
.... côté courbe ;
.... côtés droits.

POUR ALLER PLUS LOIN

Voici une figure complexe composée de figures planes ayant des côtés droits.

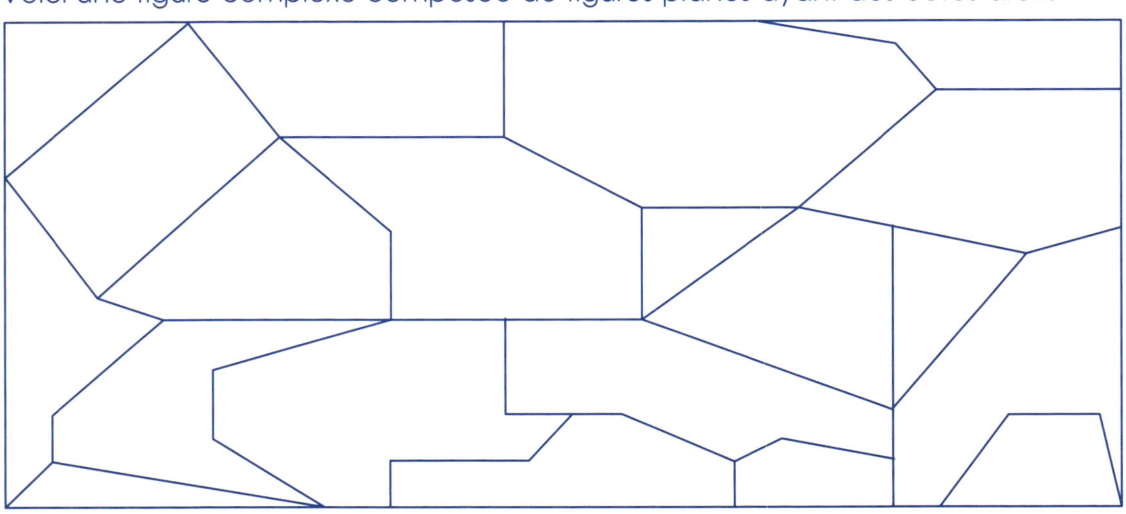

Colorie :
– les triangles en jaune ;
– les quadrilatères en vert ;
– les pentagones en bleu ;
– les hexagones en rouge ;
– les heptagones en violet ;
– les octogones en marron.

Une figure plane n'a pas été coloriée.

Décris-la :

Elle a .... côtés.

C'est un ....

Nom : ....

Date : ....

Dans cette fiche, tu apprends à décrire et nommer des quadrilatères.

1 **Colorie** en bleu l'intérieur des quadrilatères.

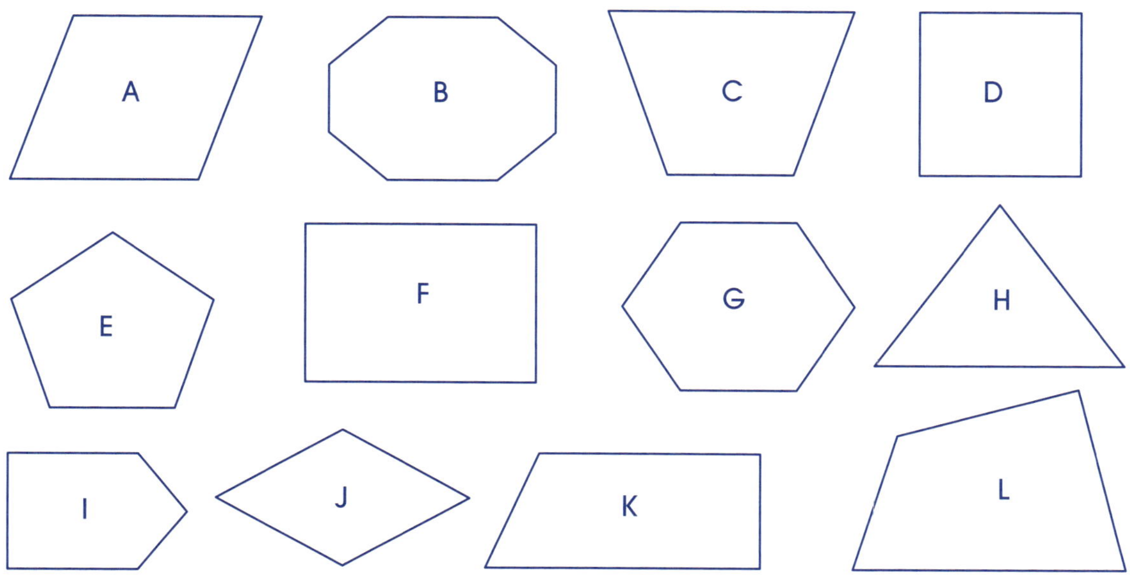

2 **Entoure** les lettres correspondant aux quadrilatères de l'exercice 1 et **complète** le tableau ci-dessous en mettant des croix dans les bonnes cases.

Figure	A	B	C	D	E	F	G	H	I	J	K	L
Deux côtés opposés sont parallèles												
Tous les côtés opposés sont parallèles												
Deux côtés consécutifs sont perpendiculaires												
Tous les côtés consécutifs sont perpendiculaires												
Deux côtés opposés ont la même longueur												
Tous les côtés opposés ont la même longueur												

3 **Écris** la lettre du quadrilatère qui correspond à chaque description.

Description n° 1

– J'ai deux côtés opposés parallèles.
– Je n'ai pas d'angle droit.
– J'ai 2 côtés opposés qui ont la même longueur.

Description n° 2

– Je n'ai pas de côtés opposés parallèles.
– Je n'ai pas de côtés consécutifs perpendiculaires.
– Je n'ai pas de côtés qui ont la même longueur.

Description n° 3

– J'ai deux côtés opposés parallèles.
– J'ai 2 fois deux côtés consécutifs perpendiculaires.
– Aucun de mes côtés n'a la même longueur.

Description n° 4

– Tous mes côtés opposés sont parallèles.
– Je n'ai pas de côtés consécutifs perpendiculaires.
– Tous mes côtés ont la même longueur.

POUR T'AIDER

Reconnaître les propriétés d'un quadrilatère.

> *Tu as besoin :*
> *– d'un double décimètre ;*
> *– d'une équerre.*

– Le parallélisme des côtés opposés :

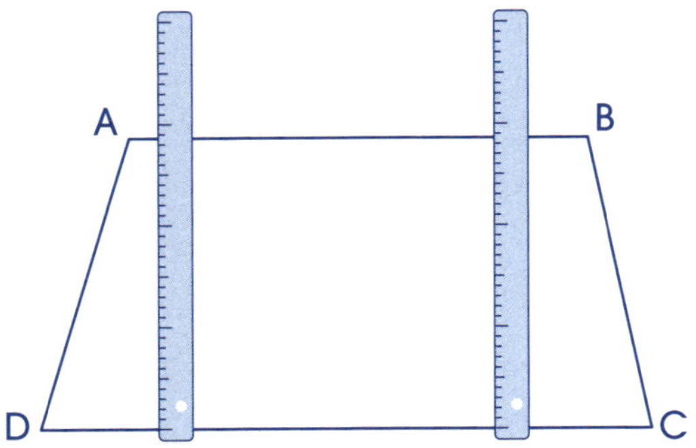

La distance entre les 2 côtés opposés AB et CD est constante.

– La perpendicularité des côtés consécutifs :

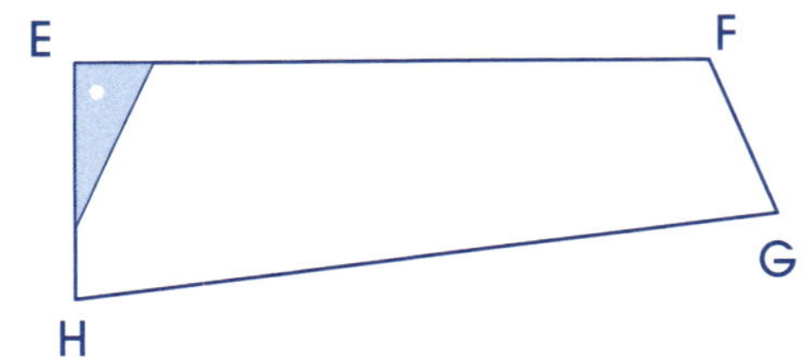

Les 2 côtés consécutifs EF et EH sont perpendiculaires.

Entraîne-toi.
Coche les bonnes réponses :

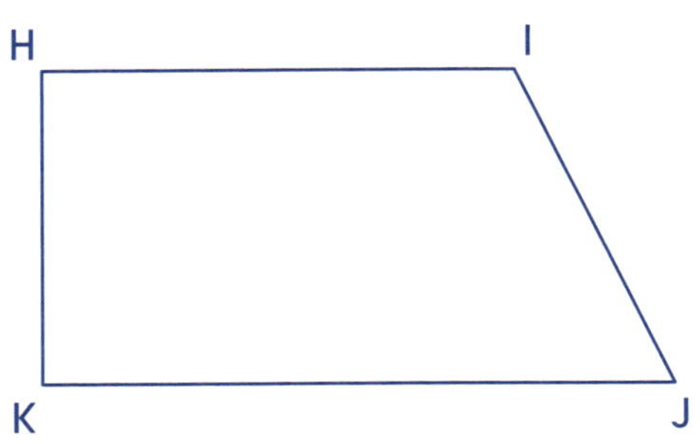

	oui	*non*
– Les côtés opposés HI et JK sont parallèles.	❏	❏
– Les côtés opposés HK et IJ sont parallèles.	❏	❏
– Les côtés consécutifs HI et IJ sont perpendiculaires.	❏	❏
– Les côtés consécutifs IJ et JK sont perpendiculaires.	❏	❏
– Les côtés consécutifs JK et KH sont perpendiculaires.	❏	❏
– Les côtés consécutifs KH et HI sont perpendiculaires.	❏	❏

POUR ALLER PLUS LOIN

Dans la figure ci-dessous, **colorie** de la même couleur les quadrilatères qui ont la même forme.

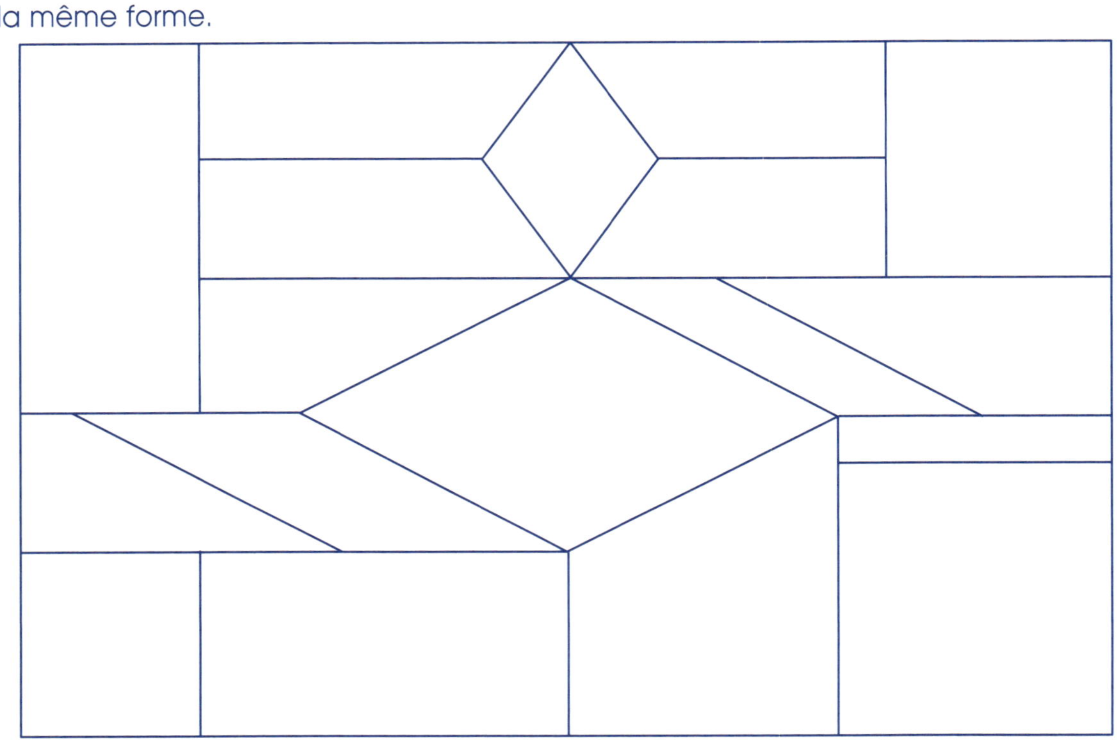

Nom : ....

Date : ....

Dans cette fiche, tu apprends à reconnaître les parallélogrammes, connaître leurs caractéristiques et les nommer.
Rappel : Un quadrilatère est une figure qui a 4 côtés.

1 Voici des quadrilatères particuliers :

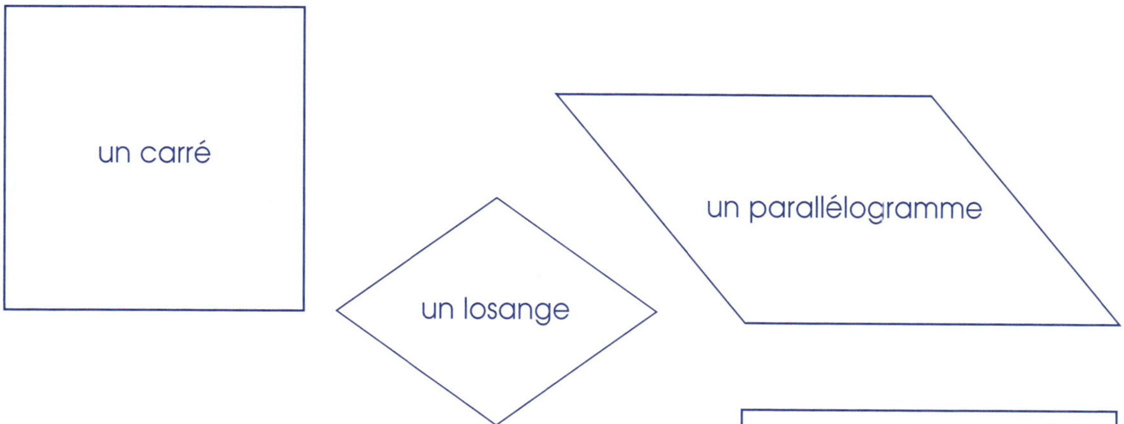

Repasse de la même couleur les côtés opposés parallèles. (**Change** de couleur à chaque fois.)

Marque les angles droits à l'aide d'un petit carré (▙).

2 **Complète** le tableau en mettant une croix dans la case correspondante. Pour comparer les côtés, **utilise** l'outil de ton choix : le double décimètre ou le compas.

	Carré	Rectangle	Losange	Parallélogramme
Les côtés opposés sont parallèles				
Les côtés consécutifs sont perpendiculaires				
Tous les côtés ont la même mesure				

3 **Écris** le nom du quadrilatère qui correspond à la description.

Description n° 1	Description n° 2	Description n° 3	Description n° 4
• *Mes côtés opposés sont parallèles.* • *Mes côtés opposés ont la même mesure.* • *Mes côtés consécutifs sont perpendiculaires.* *Je suis un :*	• *Mes côtés opposés sont parallèles.* • *Tous mes côtés ont la même mesure.* • *Mes côtés consécutifs ne sont pas perpendiculaires.* *Je suis un :*	• *Mes côtés opposés sont parallèles.* • *Mes côtés opposés ont la même mesure.* • *Mes côtés consécutifs ne sont pas perpendiculaires.* *Je suis un :*	• *Mes côtés opposés sont parallèles.* • *Tous mes côtés ont la même mesure.* • *Mes côtés consécutifs sont perpendiculaires.* *Je suis un :* ....

POUR ALLER PLUS LOIN

1. Construis les figures à l'aide de bandes de papier de couleur différente que tu colleras comme indiqué.

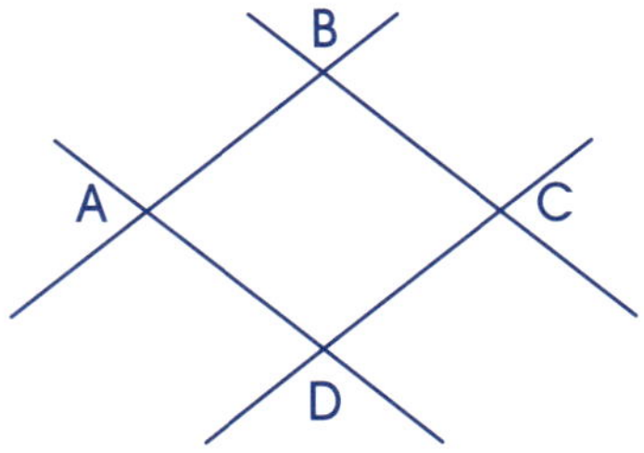

Les 2 bandes ne sont pas perpendiculaires.
Les 2 bandes ont la même largeur.
Tu as obtenu un ……………………………………………… .

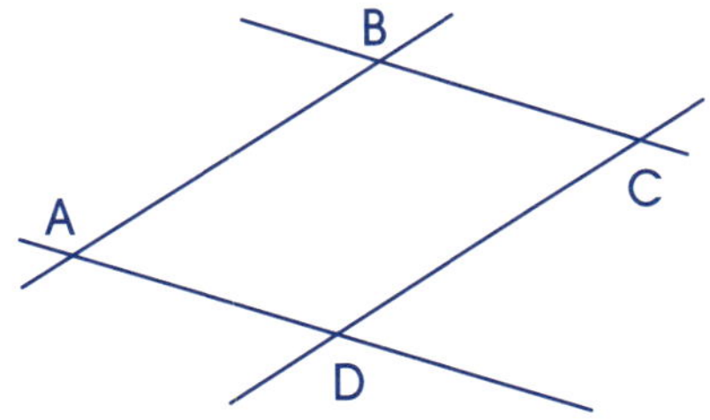

Les 2 bandes ne sont pas perpendiculaires.
Les 2 bandes n'ont pas la même largeur.
Tu as obtenu un ……………………………………………… .

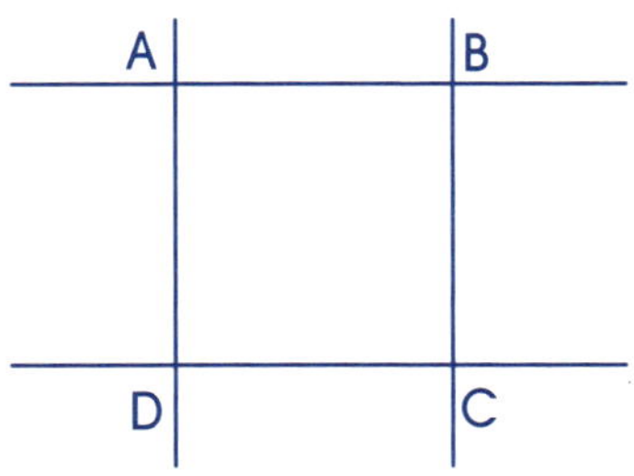

Les 2 bandes sont perpendiculaires.
Les 2 bandes ont la même largeur.
Tu as obtenu un ……………………………………………… .

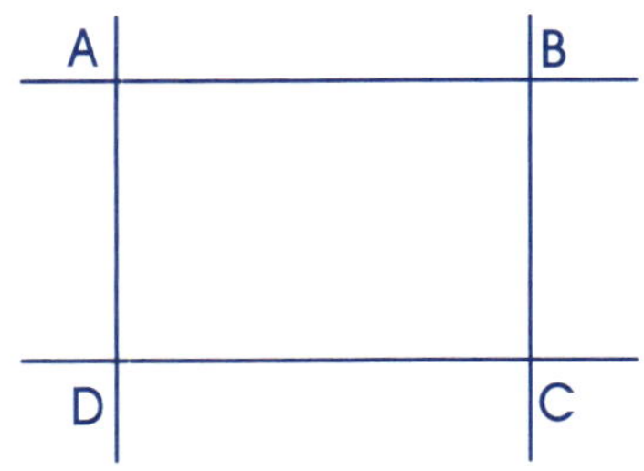

Les 2 bandes sont perpendiculaires.
Les 2 bandes n'ont pas la même largeur.
Tu as obtenu un ……………………………………………… .

2. Les diagonales

Ce sont des droites qui joignent les sommets opposés.
Elles se coupent en O.

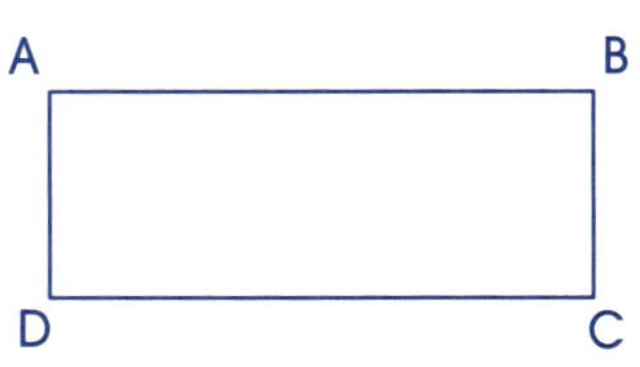

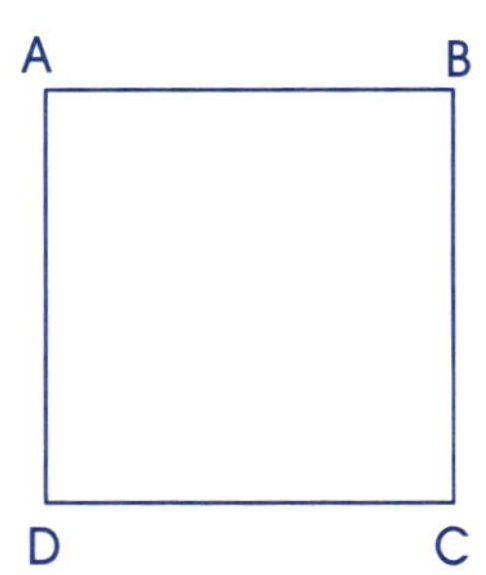

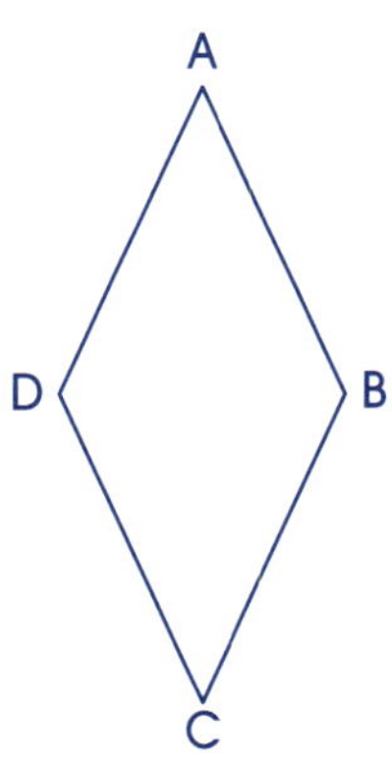

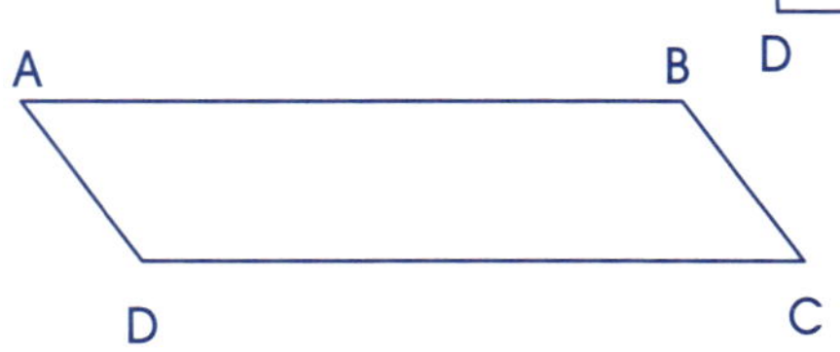

- **Trace** les diagonales de chaque figure.
- **Trace** le cercle de centre O et de rayon OA.
- **Complète** le tableau en mettant une croix dans la case correspondante.

	Carré	Rectangle	Losange	Parallélogramme
Les diagonales se coupent en leur milieu				
Les diagonales ont la même longueur				
Les diagonales sont perpendiculaires				
Les quatre sommets sont sur le cercle				

Nom : ....

Date : ....

Évaluation

1 Voici des patrons de solides. **Colorie :**

– en bleu ceux qui correspondent à un cube *(pour t'aider, tu peux décalquer les patrons et effectuer les pliages)* ;

– en jaune ceux qui correspondent à un parallélépipède rectangle.

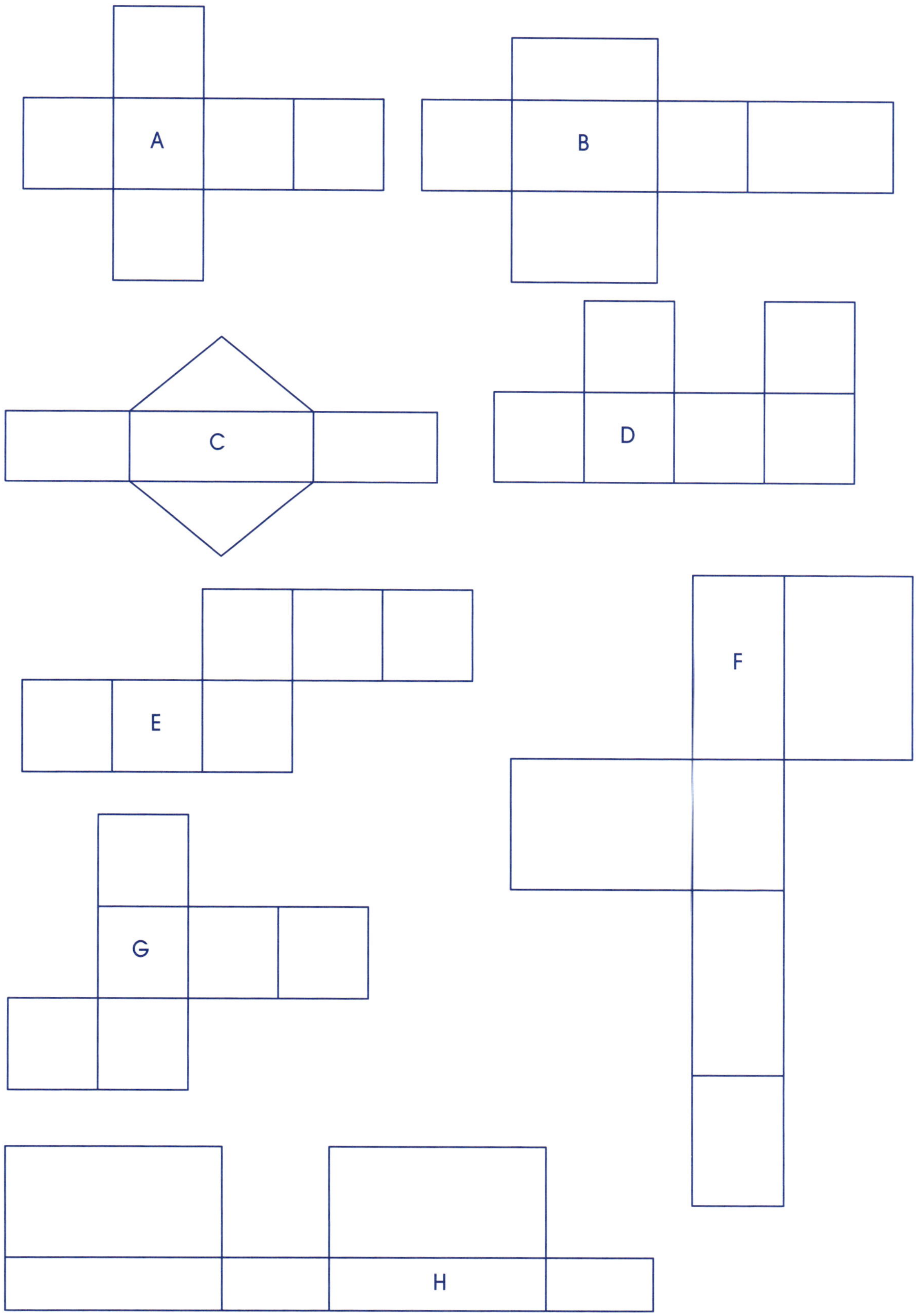

Fiche
21b

ÉVALUATION : POLYÈDRES, QUADRILATÈRES, PARALLÉLOGRAMMES

2 Adrien veut ranger ses gommettes. **Aide**-le en coloriant :

– les quadrilatères en jaune ;
– les pentagones en marron ;
– les triangles en bleu ;
– les hexagones en violet.

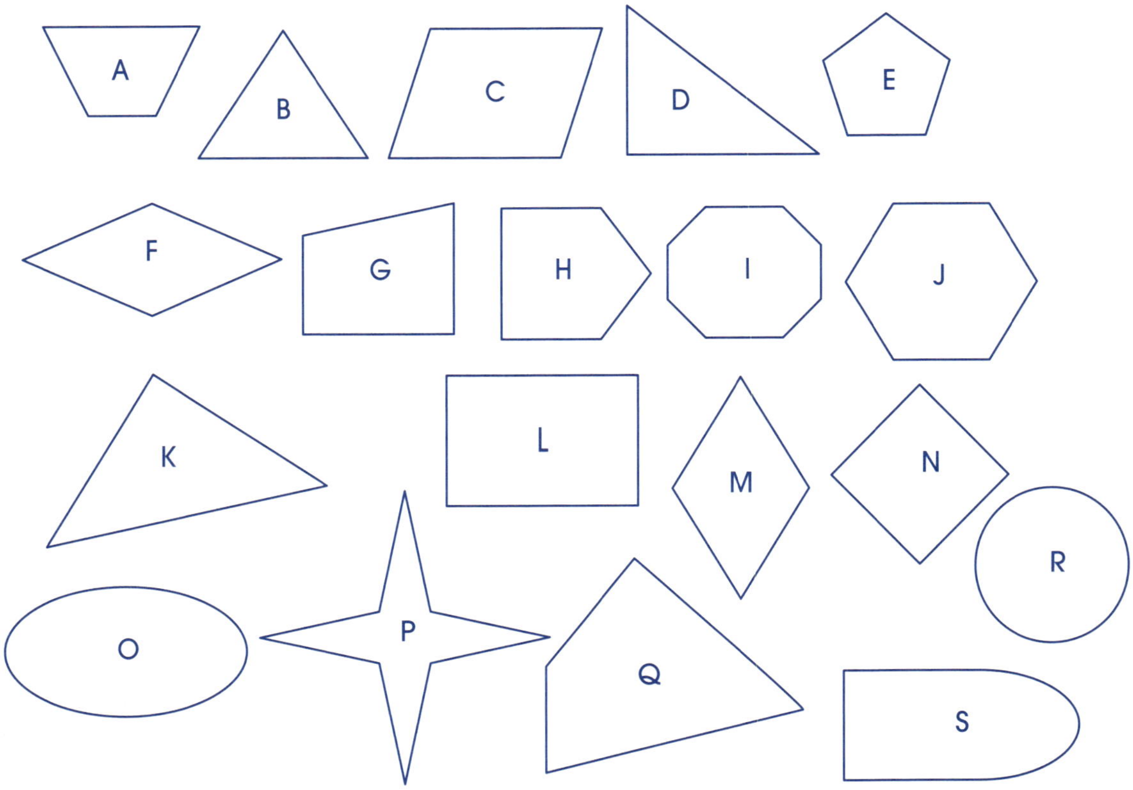

3 **Écris** les lettres des figures qui ont des faces courbes : ....

4 **Dessine** les figures à main levée en **indiquant** les lettres correspondantes.

Un parallélogramme	*Un rectangle*	*Un carré*	*Un losange*

ÉVALUE-TOI

	oui	*non*
a. Je sais reconnaître les patrons d'un solide.	❑	❑
b. Je sais reconnaître et nommer des figures planes.	❑	❑
c. Je sais dessiner à main levée des parallélogrammes.	❑	❑

Nom : ....

Date : ....

Dans cette fiche, tu vas devoir reconnaître le cercle et le disque ; connaître le vocabulaire spécifique au cercle et ses propriétés.

1 Un peu de vocabulaire.
Écris dans la case le mot qui convient.

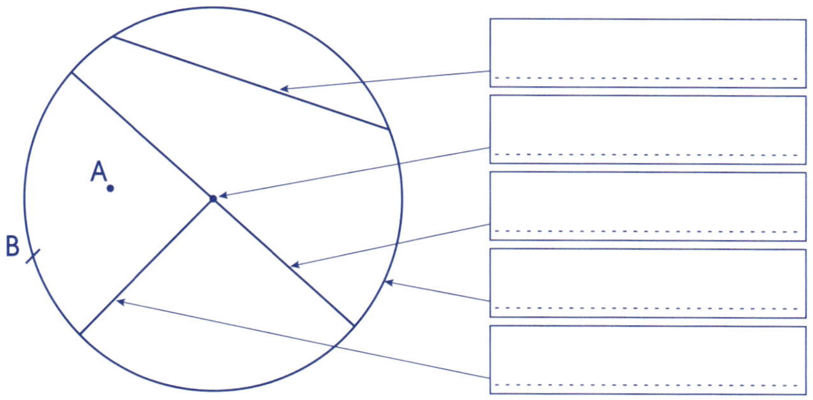

Centre
Diamètre
Rayon
Corde
Cercle

Colorie en jaune le disque.

Complète les phrases suivantes : le point A est dans le ....

le point B est sur le ....

2 Voici une figure réalisée avec deux cercles.
Colorie en vert les consignes qui ont permis de la tracer.

Consigne n° 1 :
- **Trace** 2 cercles de même rayon. Les 2 cercles se coupent.

Consigne n° 2 :
- **Trace** 2 cercles de rayon différent. Les 2 cercles ne se coupent pas.

Consigne n° 3 :
- **Trace** 2 cercles de rayon différent. Les 2 cercles se coupent.

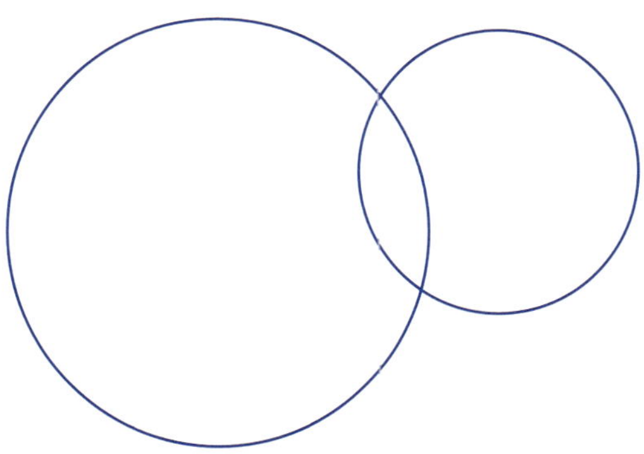

Construis les deux autres figures et **marque** le numéro de la consigne dans la case prévue à cet effet.

POUR T'AIDER

Recherche dans le dictionnaire les définitions des mots ci-dessous et **copie** celle qui correspond au vocabulaire du cercle.

Centre : ....

Diamètre : ....

Rayon : ....

Corde : ....

Cercle : ....

Disque : ....

POUR ALLER PLUS LOIN

Le cercle a-t-il un axe de symétrie ? plusieurs axes de symétrie ?

- Pour répondre à ces questions, **trace** un cercle sur une feuille de papier.
  Marque d'une croix (X) le centre du cercle.
  À l'aide de pliages, **recherche** si le cercle a un ou plusieurs axes de symétrie.
- Comment s'appelle un axe de symétrie du cercle ?

....

- **Trace** des axes de symétrie sur la figure ci-contre.

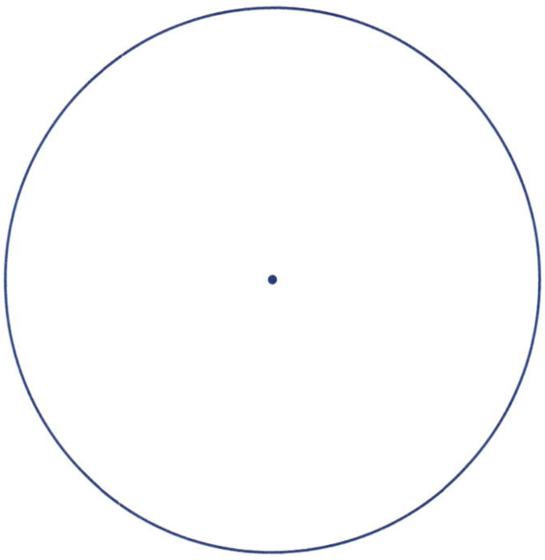

- Quelle(s) remarque(s) peux-tu faire ?

....

Nom : ....

Date : ....

Dans cette fiche, tu apprends à reconnaître les triangles et à connaître leurs caractéristiques.
Rappel : Un triangle est une figure qui a 3 côtés.

Tu as besoin :
- d'une équerre ;
- d'un compas.

Voici des triangles.

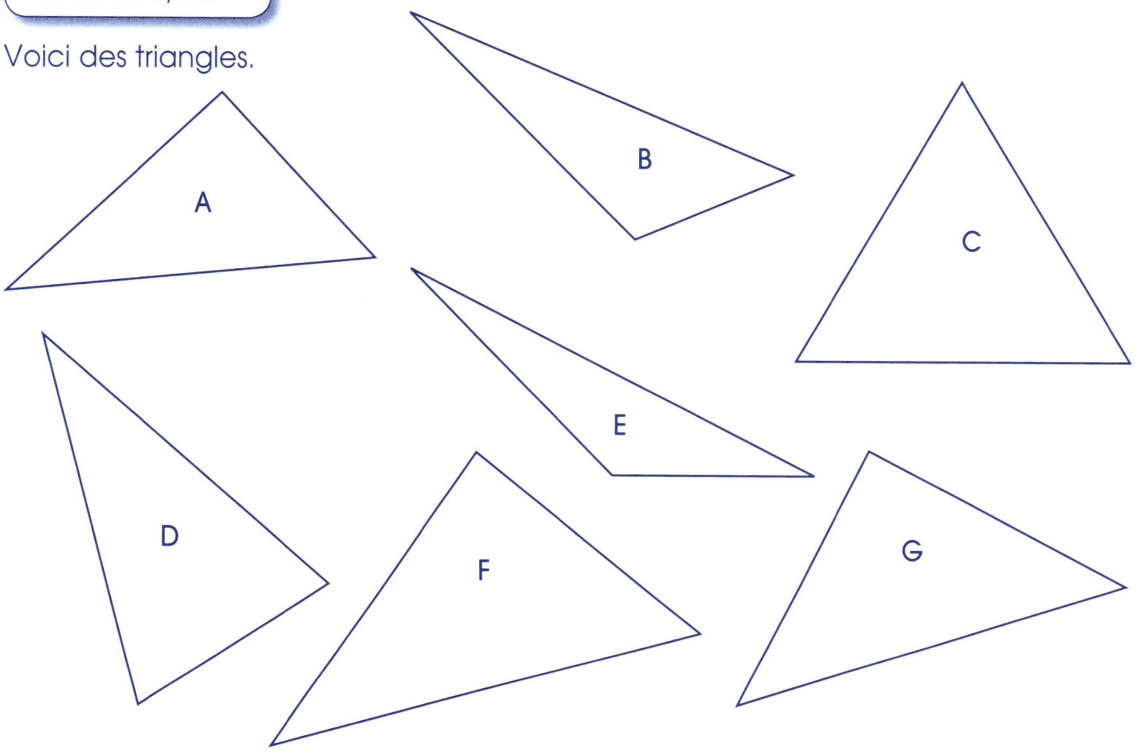

1 **En utilisant uniquement** le compas et l'équerre, **complète** le tableau en mettant une croix dans la bonne case.

Figure	A	B	C	D	E	F	G
Deux côtés ont la même longueur							
Trois côtés ont la même longueur							
Tous les côtés ont des longueurs différentes							
A un angle droit							
N'a pas d'angle droit							

2 **Écris** la lettre des figures qui correspondent à la description et à son nom.

Un triangle rectangle *possède un angle droit.* | | |

Un triangle isocèle *possède 2 côtés de même longueur.* | | |

Un triangle équilatéral *a tous ses côtés de même longueur.* | |

Un triangle quelconque *ne possède pas d'angle droit ni de côtés de même longueur.* | | |

Un triangle rectangle isocèle *possède 2 côtés de même longueur et un angle droit.* | |

POUR T'AIDER

Colorie en jaune l'intérieur des triangles.

POUR ALLER PLUS LOIN

Triangles et axes de symétrie.
Retrouve les axes de symétrie des triangles suivants lorsqu'il y en a.
Attention ! un des triangles a 3 axes de symétrie.

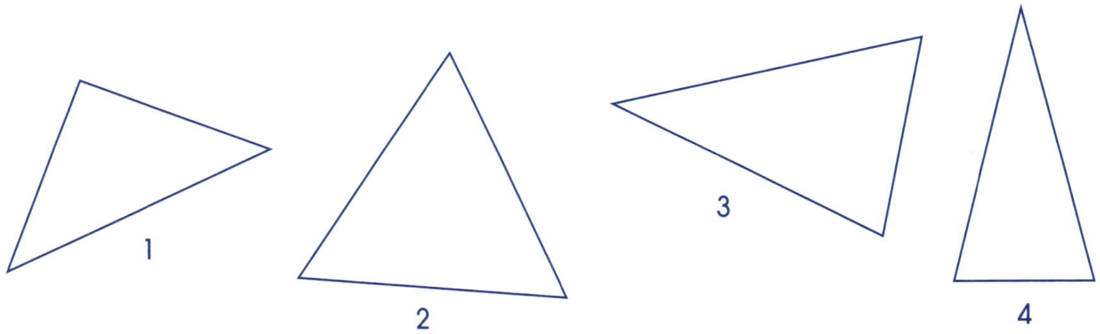

Explique comment tu as fait.

Nom : ....

Date : ....

Dans cette fiche, tu apprends à reproduire des quadrilatères d'après un modèle.

1 Voici un carré ABCD.

À partir du segment A1 B1, **reproduis** le carré ABCD en **utilisant** uniquement l'équerre, le double décimètre et la règle.

2 Voici un rectangle EFGH.

À partir du segment E1 F1, **reproduis** le rectangle EFGH en **utilisant** uniquement l'équerre, le compas et la règle.

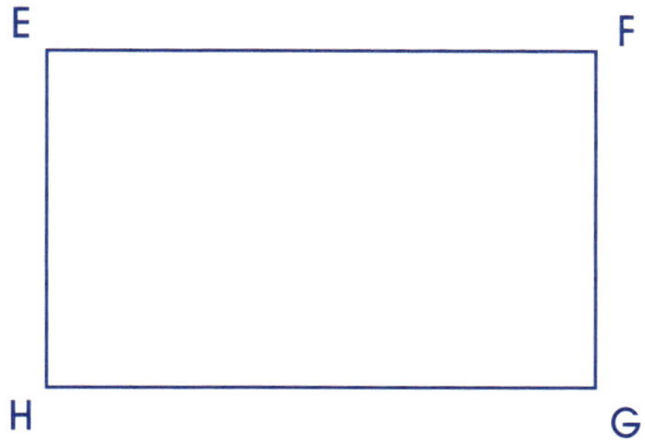

3 Voici un parallélogramme IJKL.

À partir du segment L1 K1, **reproduis** le parallélogramme IJKL en **utilisant** uniquement le compas et la règle.

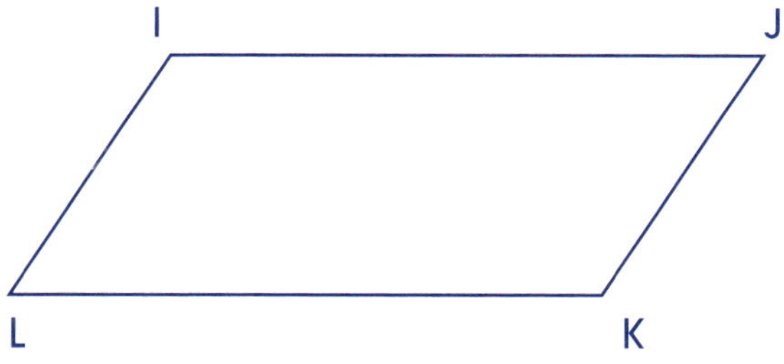

4 Voici un losange MNOP.

À partir du segment N1 O1, **reproduis** le losange MNOP en **utilisant** uniquement le compas et la règle.

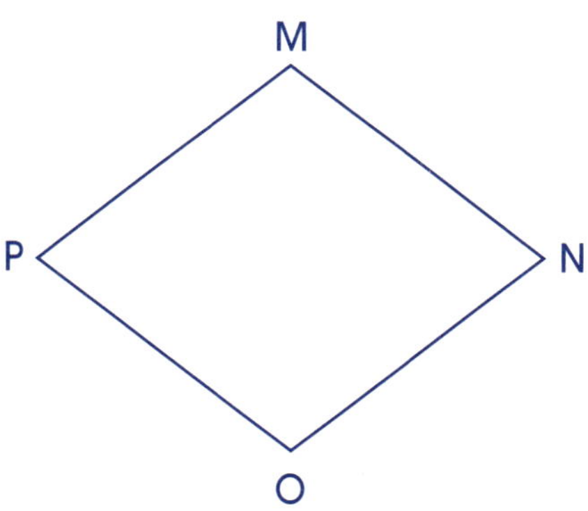

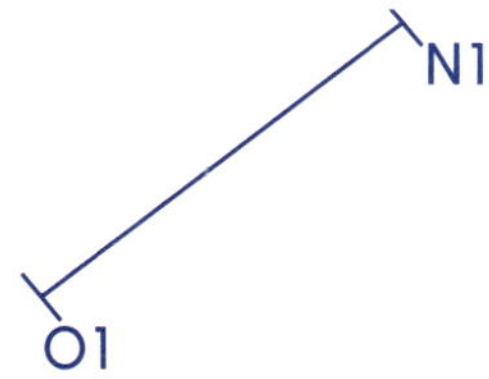

Fiche 24b

REPRODUCTION DE QUADRILATÈRES D'APRÈS UN MODÈLE

POUR T'AIDER

Reproduire un quadrilatère en **utilisant** un compas.

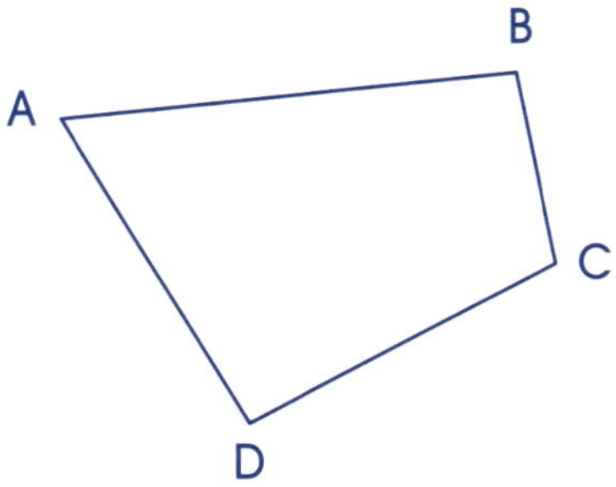

Observe les premières étapes de construction.

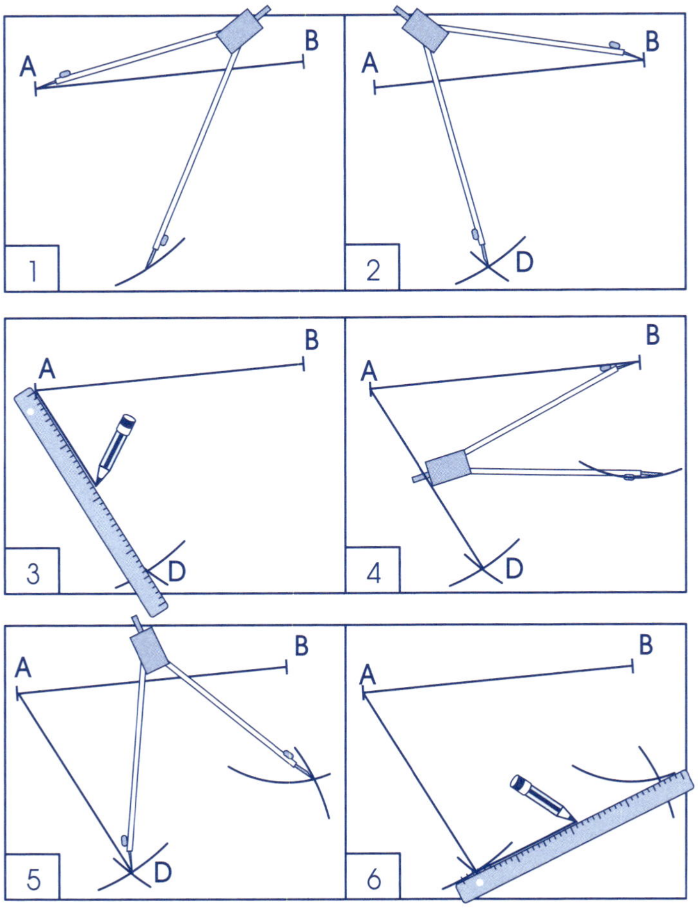

Exerce-toi.

Il te reste à **marquer** le sommet C et à **tracer**, à l'aide de ta règle, le côté BC.

POUR ALLER PLUS LOIN

Reproduis le quadrilatère ABCD.

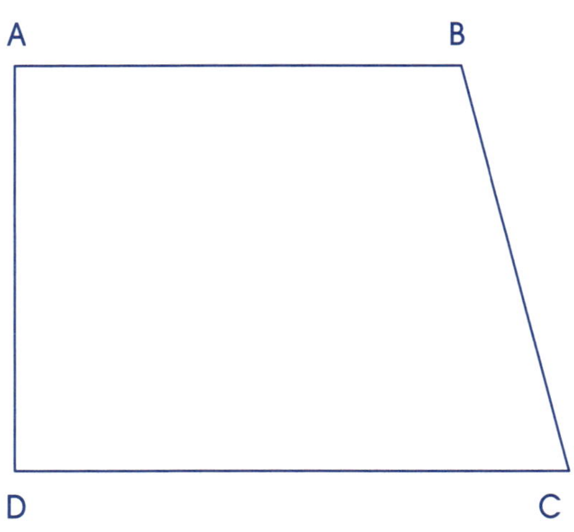

Indique les outils que tu as utilisés.

....

....

....

....

Explique comment tu as fait.

....

....

....

....

Nom : ....

Date : ....

Dans cette fiche, tu apprends à reproduire des triangles d'après un modèle.

1 Voici un triangle quelconque ABC.

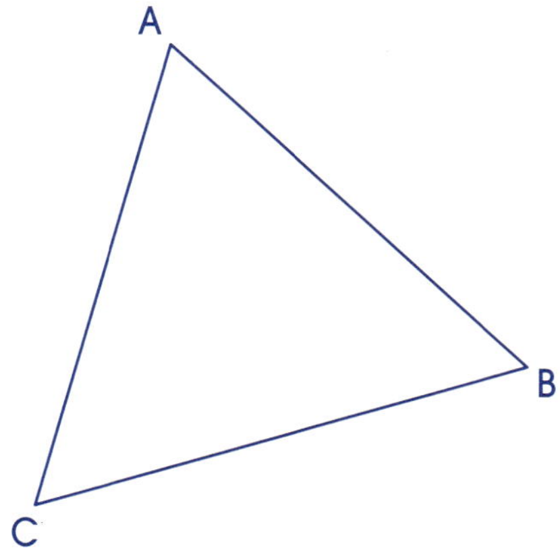

À partir du segment B1 C1, **reproduis** le triangle ABC en **utilisant uniquement** la règle et le gabarit.

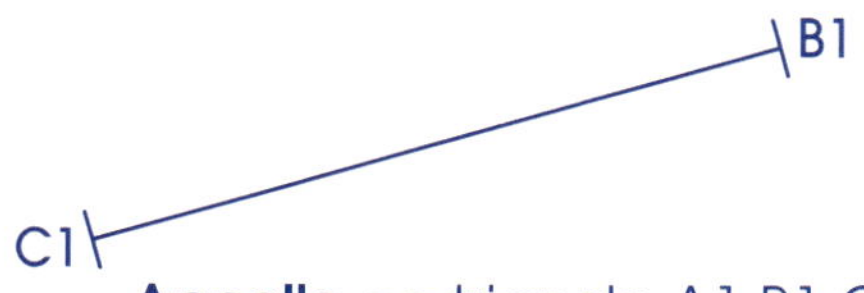

Appelle ce triangle A1 B1 C1.

2 Voici le triangle DEF.

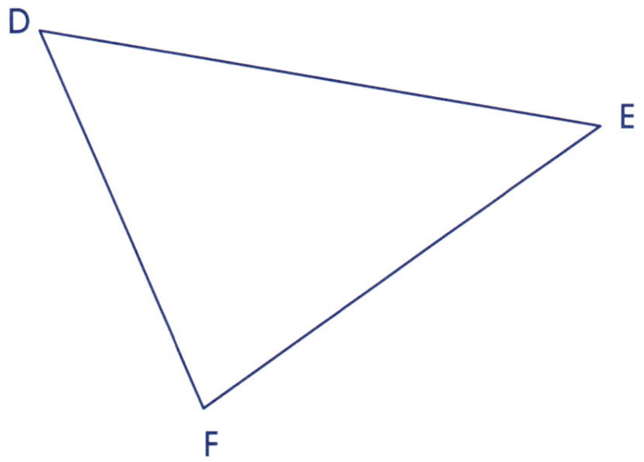

À partir du segment D1F1, **reproduis** le triangle DEF en **utilisant uniquement** la compas et la règle.

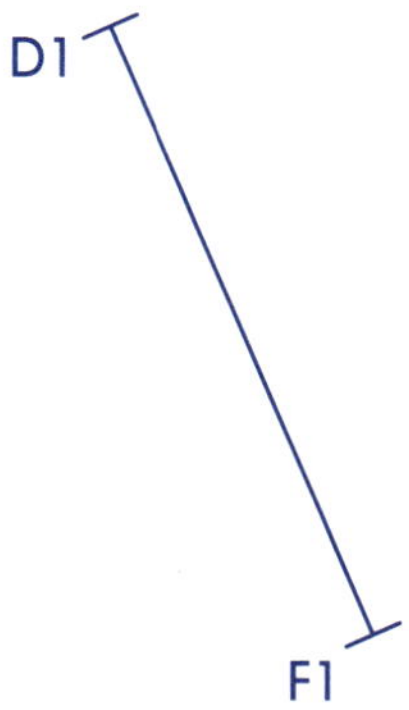

Appelle ce triangle D1 E1 F1.

3 **Observe** le triangle rectangle LMN et **reproduis**-le en **utilisant** l'équerre, la règle et le compas.

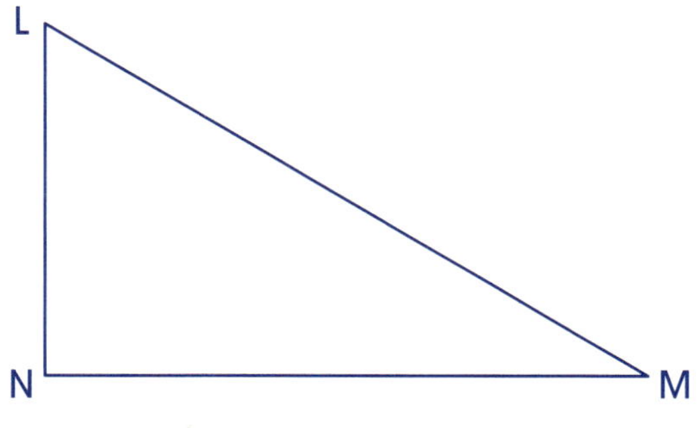

Vérifie tes reproductions à l'aide de papier-calque.

Appelle ce triangle L1 M1 N1.

Pour t'aider

Voici comment fabriquer un gabarit.

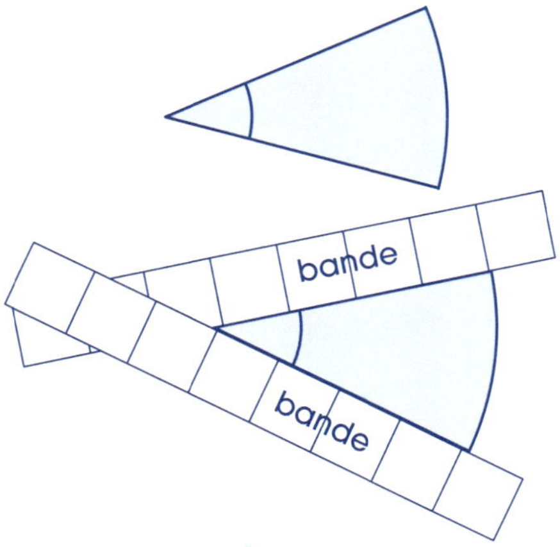

Pour fabriquer ton gabarit, **place** une bande de bristol sur chaque côté de l'angle. Puis, **colle**-les.

Tu as besoin :
- *de papier-calque ;*
- *d'une règle.*

Pour aller plus loin

1. **Reproduis** le triangle ABC en **utilisant** du papier-calque.

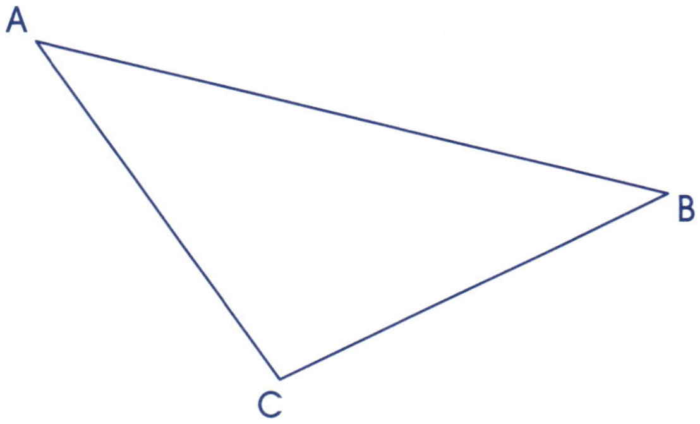

Explique comment tu as procédé.

....

....

....

....

2. **Reproduis** le triangle DEF.

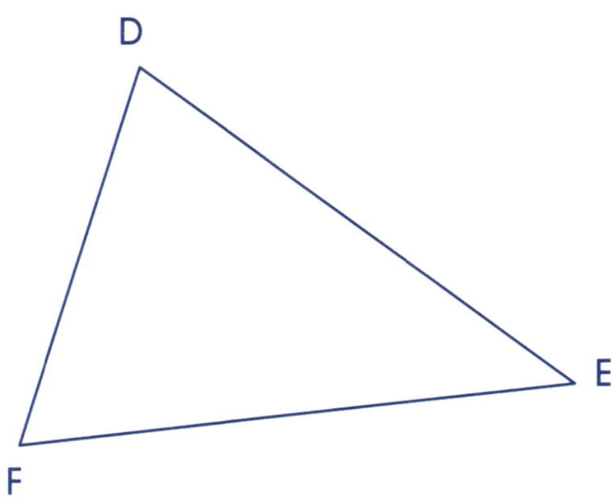

Indique les outils que tu as utilisés.

....

....

....

....

Explique comment tu as procédé.

....

....

....

....

Nom : ....

Date : ....

Dans cette fiche, tu apprends à reproduire des quadrilatères d'après une description.

Fiche 26a

REPRODUCTION DE QUADRILATÈRES D'APRÈS UNE DESCRIPTION

1 **Reproduis** le quadrilatère qui répond à la description suivante :
- Mes côtés consécutifs sont perpendiculaires.
- Mes côtés opposés sont parallèles.
- Mes côtés opposés ont la même longueur (6 cm et 3 cm).

Écris le nom de ce quadrilatère : ....

2 **Reproduis** le quadrilatère qui répond à la description suivante :
- Mes côtés consécutifs ne sont pas perpendiculaires.
- Mes côtés opposés sont parallèles.
- Mes côtés opposés ont la même longueur (6 cm et 4 cm).

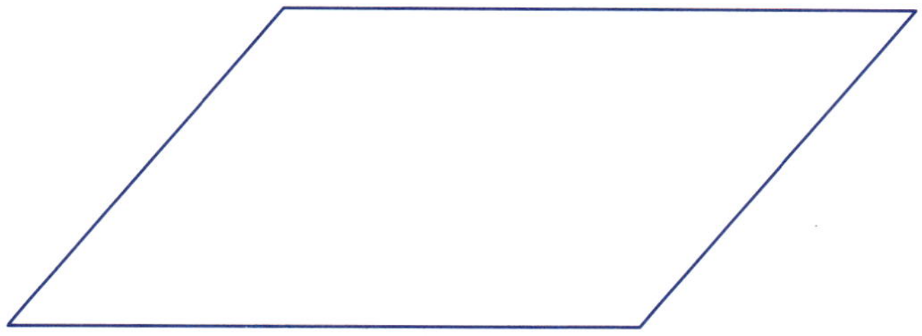

Écris le nom de ce quadrilatère : ....

3 **Reproduis** le quadrilatère qui répond à la description suivante :
- J'ai deux angles droits.
- J'ai deux côtés opposés parallèles.
- Mes côtés opposés parallèles mesurent 3 cm et 5 cm.
- Mes côtés non parallèles mesurent 6 cm et 6 cm 3 mm.

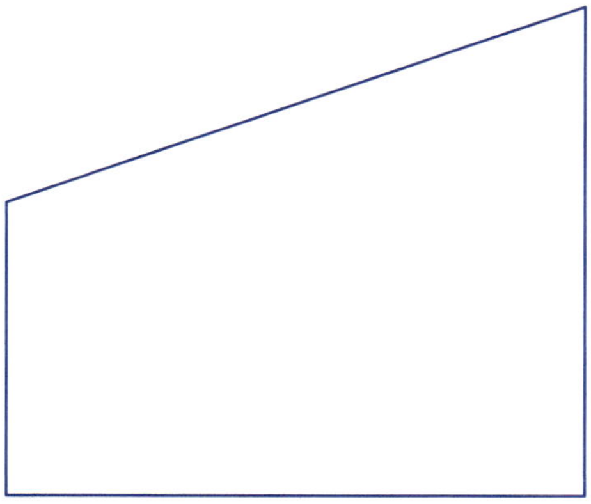

POUR ALLER PLUS LOIN

1. Reproduis le quadrilatère qui répond à la description suivante :
– Je n'ai pas d'angle droit.
– Mes côtés opposés sont parallèles.
– Tous mes côtés ont la même longueur (4 cm).

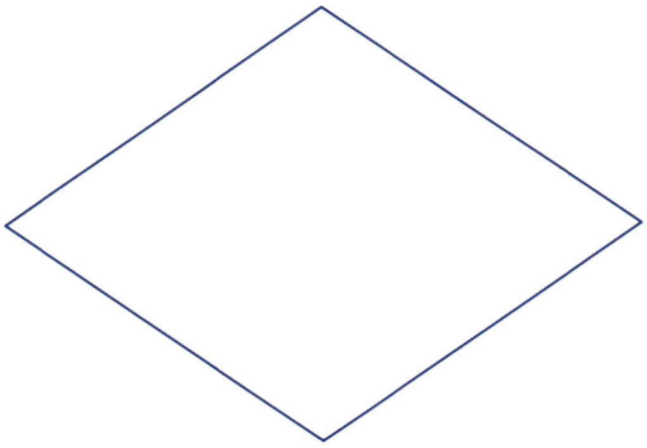

Écris le nom de ce quadrilatère : ....

Indique les outils que tu as utilisés.

....
....
....
....

Explique comment tu as procédé.

....
....
....
....

2. Reproduis le quadrilatère qui répond à la description suivante :
– Je n'ai pas d'angle droit.
– J'ai deux côtés opposés parallèles.
– Mes côtés opposés non parallèles ont la même longueur (3 cm).
– Mes côtés parallèles ont respectivement pour mesure 7 cm et 4 cm.

Recherche et **écris** le nom de ce quadrilatère :

....

Indique les outils que tu as utilisés.

....
....
....
....

Explique comment tu as procédé.

....
....
....
....

Nom : ....

Date : ....

Dans cette fiche, tu apprends à reproduire des quadrilatères en suivant un programme.

Tu as besoin :
- *d'une équerre ;*
- *d'un double décimètre ;*
- *d'une règle.*

1 **Reproduis** le quadrilatère en suivant le programme suivant :
– À l'aide de ton équerre, **trace** en A une demi-droite Ax perpendiculaire au segment AB.
– À l'aide de ton équerre, **trace** en B une demi-droite By perpendiculaire au segment AB.
– **Marque** sur la demi-droite Ax un point D tel que AD = 5 cm.
– **Marque** sur la demi-droite By un point C tel que BC = 5 cm.
– À l'aide de ta règle, **trace** le côté CD.

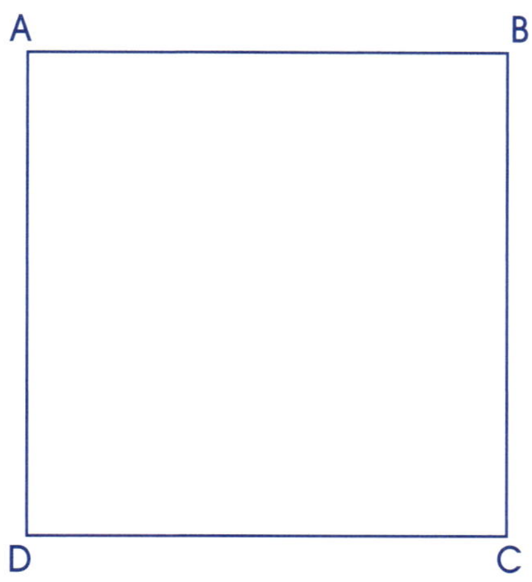

Tu as tracé un ....

2 **Reproduis** le quadrilatère en suivant le programme suivant :
– À l'aide de ton équerre, **trace** en E une demi-droite Ez perpendiculaire au segment EF.
– À l'aide de ton équerre, **trace** en F une demi-droite Ft perpendiculaire au segment EF.
– **Marque** sur la demi-droite Ez un point H tel que EH = 5 cm.
– **Marque** sur la demi-droite Ft un point G tel que FG = 5 cm.
– À l'aide de ta règle, **trace** le côté GH.

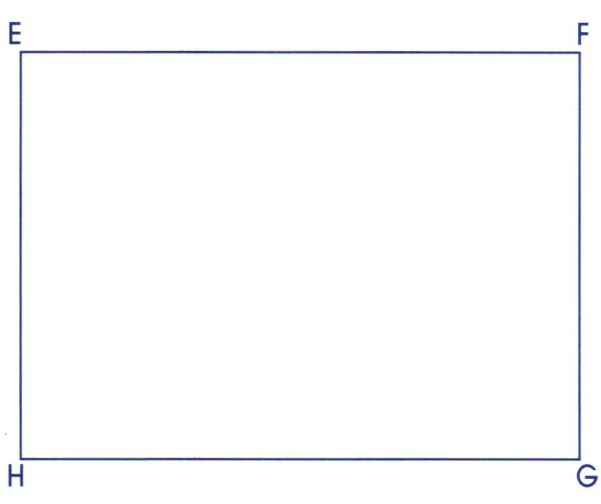

Tu as tracé un ....

Tu as besoin :
- *d'une équerre ;*
- *d'une règle ;*
- *d'un double décimètre ;*
- *d'un compas.*

POUR ALLER PLUS LOIN

1. **Reproduis** le quadrilatère selon le programme suivant :
– À l'aide de ton équerre, **trace** en A une demi-droite Ax perpendiculaire au segment AD.
– À l'aide de ton équerre, **trace** en D une demi-droite Dy perpendiculaire au segment AD.
– **Marque** sur la demi-droite Ax un point B tel que AB = 4 cm.
– **Marque** sur la demi-droite Dy un point C tel que DC = 6 cm.
– À l'aide de ta règle, **trace** le côté BC.

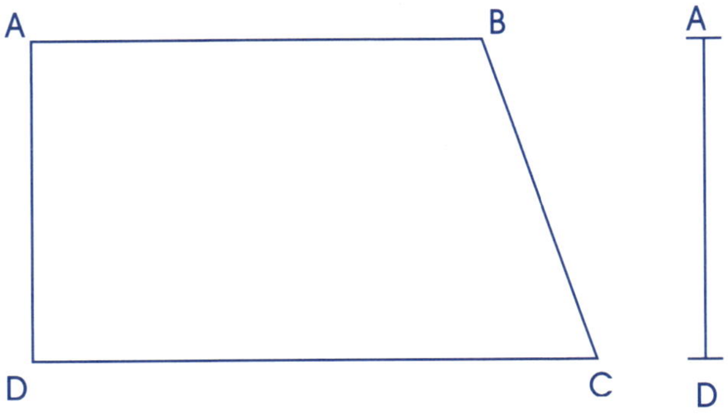

2. **Reproduis** le quadrilatère selon le programme suivant :
– À l'aide de ton compas, **trace** un arc de centre E1 et de rayon égal au côté EH.
– À l'aide de ton compas, **trace** un arc de centre F1 et de rayon égal à FH.
– À l'aide de ta règle, **trace** le côté E1H1.
– À l'aide de ton compas, **trace** un arc de centre F1 et de rayon égal au côté FG.
– À l'aide de ton compas, **trace** un arc de centre H1 et de rayon égal au côté HG.
– Les 2 arcs de cercle se coupent en G1.
– À l'aide de ta règle, **trace** les côtés F1G1 et H1G1.

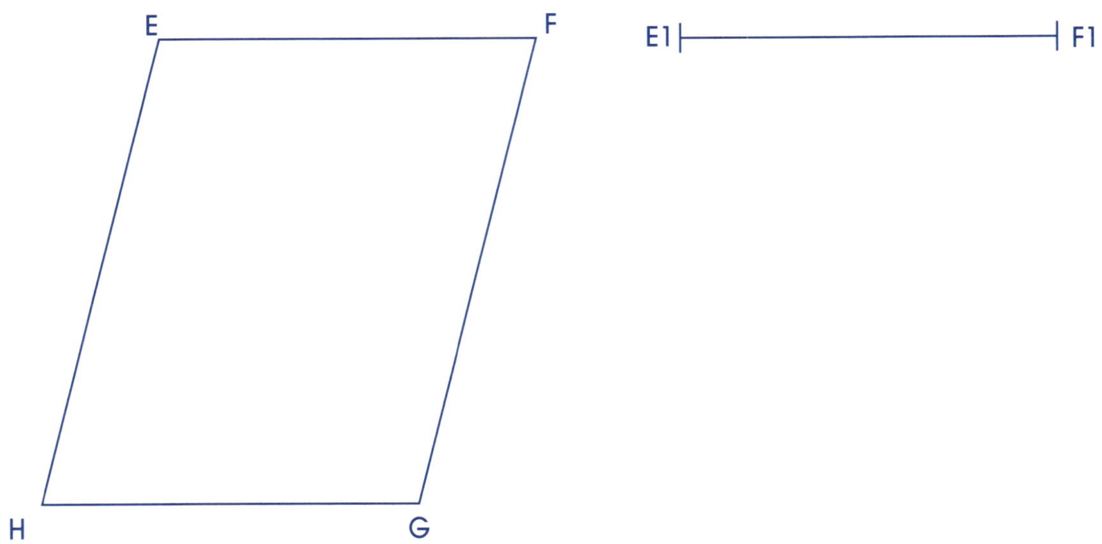

Tu as tracé un ....

Écris les difficultés que tu as rencontrées :
....
....
....
....

Nom : ....

Date : ....

Évaluation

1 Voici une composition géométrique.

Colorie :

- les disques en jaune ;
- les carrés en vert ;
- les rectangles en bleu ;
- les triangles en marron ;
- les demi-cercles en violet ;
- les quarts de cercle en rouge.

Trace un diamètre pour les cercles et **marque** le centre des demi-cercles.

2 Voici des triangles. **Colorie** :

- en vert les triangles rectangles ;
- en bleu les triangles isocèles ;
- en marron les triangles équilatéraux ;
- en violet les triangles quelconques.

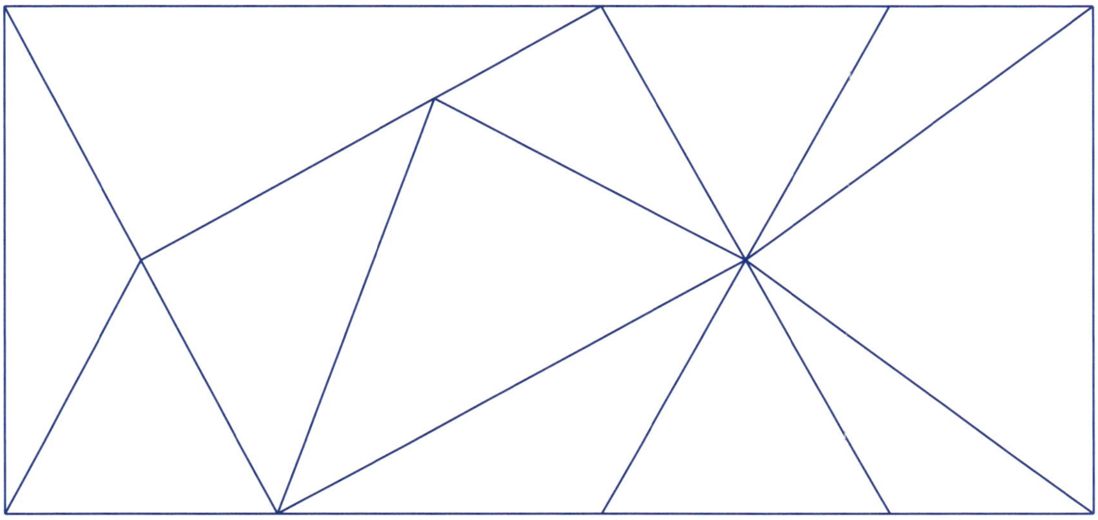

Colorie la description de la même couleur.

– J'ai 3 côtés. *– J'ai un angle droit.*	*– J'ai 3 côtés.* *– J'ai 2 côtés de même longueur.*	*– J'ai 3 côtés.* *– Je n'ai aucun côté de même longueur.*

3 **Reproduis** la figure ci-dessous en **utilisant** les outils de ton choix.

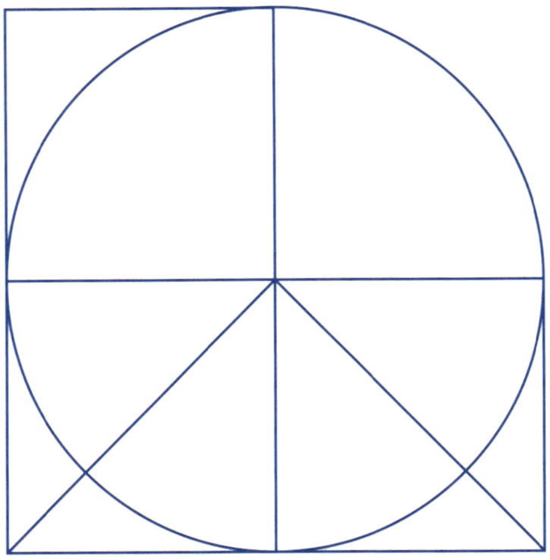

Indique les outils que tu as utilisés.

....

....

....

....

Écris les difficultés que tu as rencontrées :

....

....

....

....

4 **Reproduis** le quadrilatère ABCD en **suivant** le programme ci-dessous :

– **Trace** un segment AB de 4 cm.
– **Trace** un arc de cercle de centre A et de rayon 4 cm.
– **Trace** un arc de cercle de centre B et de rayon 4 cm.
– Les 2 arcs de cercle se coupent en D.
– **Trace** un arc de cercle de centre B et de rayon 4 cm.
– **Trace** un arc de cercle de centre D et de rayon 4 cm.
– À l'aide de la règle, **trace** les segments BC, CD et DA.

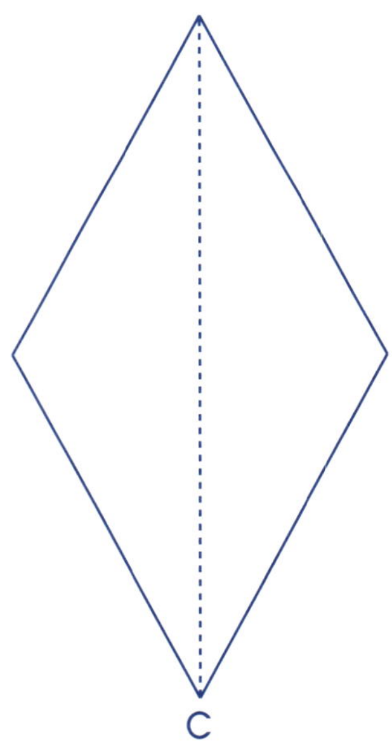

Écris le nom de la figure que tu as obtenue :

....

ÉVALUE-TOI

	oui	non
a. Je sais reconnaître des cercles.	❑	❑
b. Je sais nommer des triangles.	❑	❑
c. Je sais reproduire des figures d'après un modèle.	❑	❑
d. Je sais reproduire des quadrilatères en suivant un programme.	❑	❑

Nom : ....

Date : ....

Dans cette fiche, tu apprends à reproduire des triangles d'après une description.

Tu as besoin :
- *d'une règle ;*
- *d'une équerre ;*
- *de bristol pour fabriquer les gabarits ;*
- *d'un double décimètre.*

1 À l'aide de la règle, du double décimètre et de l'équerre, **reproduis** le triangle rectangle ABC.

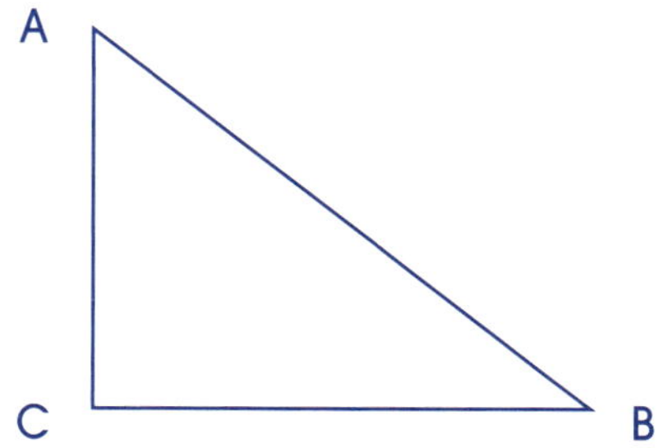

Description du triangle ABC : Il a un angle droit ; AC mesure 3 cm ; BC mesure 4 cm ; AB mesure 5 cm.

Écris son nom : ....

2 À l'aide du compas, du double décimètre et de la règle, **reproduis** le triangle isocèle DEF.

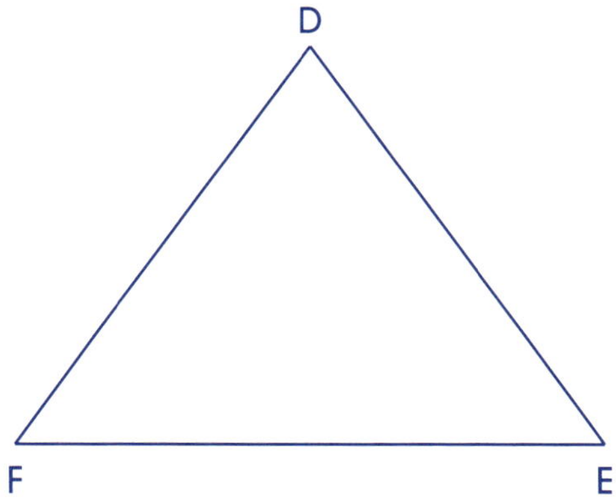

Description du triangle DEF : Il n'a pas d'angle droit ; DE et DF mesurent 5 cm ; FE mesure 6 cm.

Écris son nom : ....

3 À l'aide du compas, du double décimètre et de la règle, **reproduis** le triangle quelconque GHI.

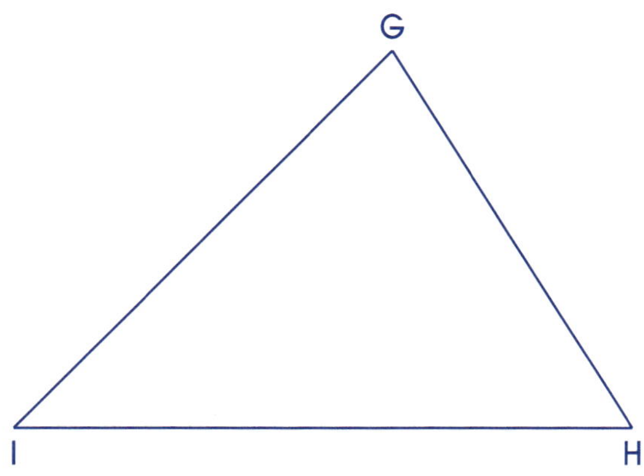

Description du triangle GHI : Il n'a pas d'angle droit ; GH, HI et IG mesurent respectivement 5 cm, 7 cm et 6 cm.

Écris son nom : ....

Pour aller plus loin

*Pour la fabrication des gabarits, tu peux te reporter au **Pour t'aider** de la fiche 25.*

1. À l'aide de la règle, du double décimètre et de gabarits, **reproduis** le triangle ABC.

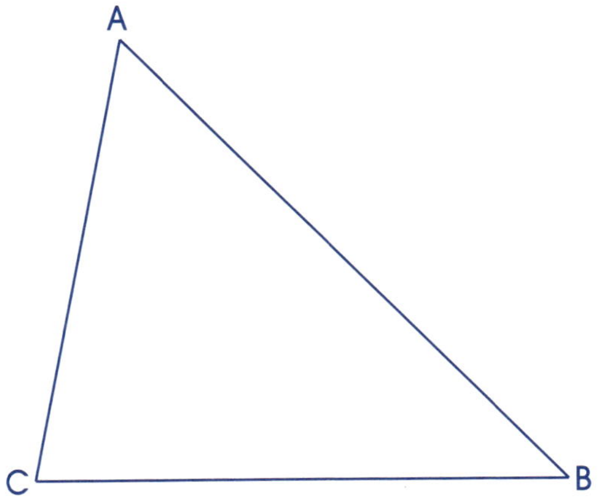

Description du triangle ABC : Il n'a pas d'angle droit ; AB, BC et CA mesurent respectivement 7 cm, 6 cm et 5 cm.

Écris son nom : ....

2. À l'aide des outils de ton choix, **reproduis** le triangle DEF.

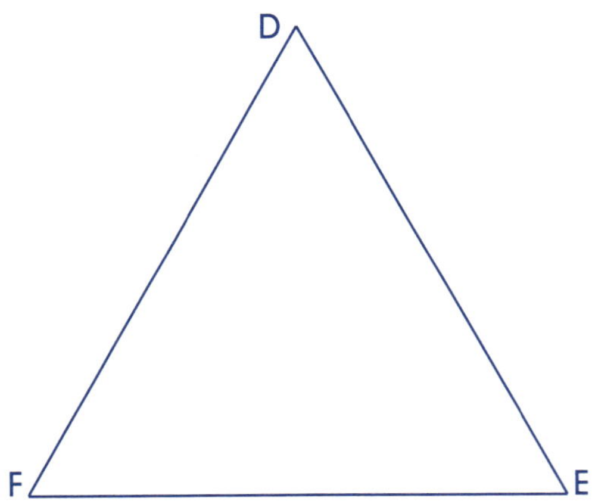

Indique les outils que tu as utilisés.

....

....

Description du triangle DEF : Il n'a pas d'angle droit ; tous les côtés ont la même mesure : 6 cm.

Écris son nom : ....

3. À l'aide des outils de ton choix, **reproduis** le triangle GHI.

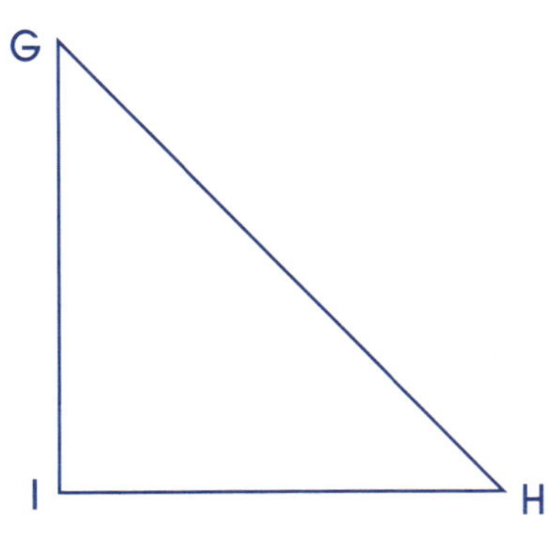

Description du triangle GHI : Il a un angle droit ; IH et IG ont la même mesure : 4 cm.

Écris son nom : ....

Nom : ....

Date : ....

Dans cette fiche, tu apprends à construire des triangles en suivant un programme.

Tu as besoin :
- *d'une règle ;*
- *d'une équerre ;*
- *d'un compas ;*
- *d'un double décimètre.*

1 **Construis** le triangle ABC en **suivant** les consignes :
- **Trace** un segment AB de 7 cm.
- **Trace** un arc de cercle de centre A et de rayon 5 cm.
- **Trace** un arc de cercle de centre B et de rayon 9 cm.
- Les 2 arcs de cercle se coupent en C.
- **Trace** les côtés BC et AC.

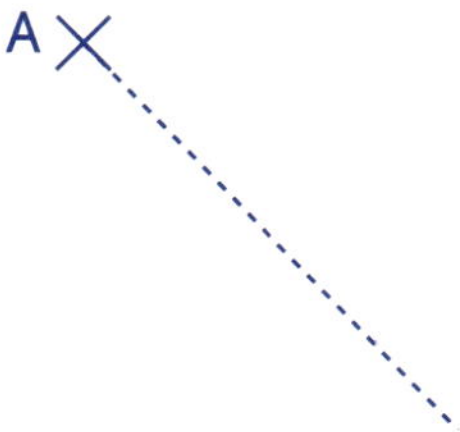

2 **Construis** le triangle DEF en suivant les consignes suivantes :
- **Trace** un angle droit de sommet D.
- **Marque** les points E et F tels que DE = 6 cm et DF = 7 cm.
- **Trace** le côté EF.

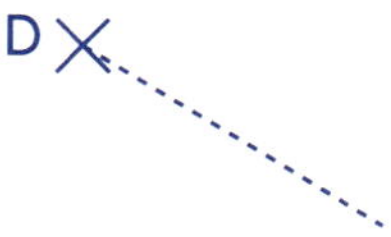

3 **Construis** le triangle GHI en suivant les consignes suivantes :
- **Trace** un segment GH de 6 cm.
- **Trace** un arc de cercle de centre G et de rayon 7 cm.
- **Trace** un arc de cercle de centre H et de rayon 7 cm.
- Les 2 arcs de cercle se coupent en I.
- **Trace** les côtés GI et HI.

POUR ALLER PLUS LOIN

Tu as besoin :
- *d'un compas ;*
- *d'une règle ;*
- *d'une équerre.*

Suis les consignes suivantes :
- **Trace** un cercle de centre O et d'un rayon égal à 4 cm.
- Sans changer l'écartement de ton compas, **plante** la pointe sèche sur un point du cercle et **trace** un arc de cercle.
- Puis **place** la pointe sèche de ton compas sur le point de rencontre du cercle et de l'arc de cercle qui ont été tracés, et **trace** à nouveau un arc de cercle.
- **Refais** la même chose sur chaque point de rencontre du cercle et de l'arc de cercle que tu viens de tracer.
- **Marque** les points A, B, C, D, E, F obtenus.
- **Trace** le triangle ACE.

À l'aide de ton compas, **compare** les côtés.
Que constates-tu ?

....

....

....

Fabrique le gabarit d'un angle et **compare**-le avec les autres angles.
Que constates-tu ?

....

....

....

Suis les consignes suivantes :
- **Trace** un segment AC égal à 8 cm et **marque** le point O au milieu de ce segment.
- **Trace** un demi-cercle de centre O et d'un rayon égal à OA.
- **Marque** un point B sur ce cercle.
- À l'aide de ta règle, **trace** AB et BC.
- À l'aide de ton équerre, **recherche** si le triangle ABC possède un angle droit. **Indique**-le en dessinant un petit carré.

Compare ton résultat avec celui de tes camarades.

Nom : ....

Date : ....

Dans cette fiche, tu apprends à construire des figures de dimensions données.

1 **Construis** un carré ABCD de 6 cm de côté.
Dessine d'abord un carré à main levée.

Indique les outils que tu as utilisés.

....

....

....

2 **Construis** un rectangle EFGH de 7 cm de longueur et de 5 cm de largeur.
Dessine d'abord un rectangle à main levée.

Indique les outils que tu as utilisés.

....

....

....

3 **Construis** un triangle KLM dont les côtés mesurent respectivement 6 cm, 7 cm et 4 cm.
Dessine d'abord un triangle à main levée.

Indique les outils que tu as utilisés.

....

....

....

POUR T'AIDER

Construire une figure de dimensions données.

Tu dois construire un triangle rectangle ABC rectangle en B et dont les côtés de l'angle droit AB et BC mesurent respectivement 6 cm et 4 cm.

a. Entoure le dessin à main levée qui correspond au triangle rectangle ABC.

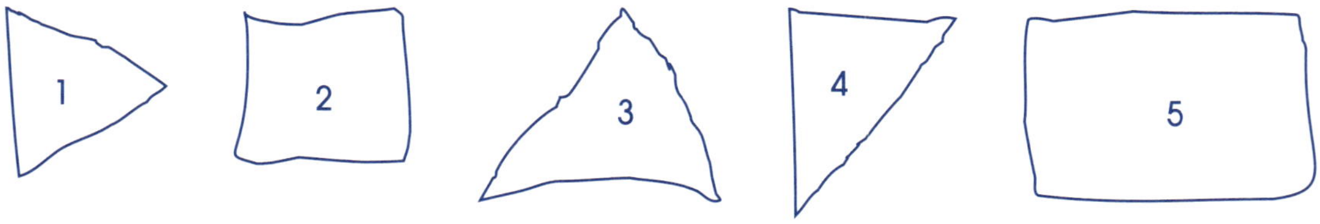

b. Coche les outils que tu vas utiliser :

- une équerre ❑
- une règle ❑
- un compas ❑
- un double décimètre ❑

c. Termine le tracé de la figure demandée.

POUR ALLER PLUS LOIN

1. Construis un losange ABCD dont les diagonales AC et BD mesurent respectivement 8 cm et 4 cm. **Dessine** d'abord un losange à main levée et **place** ses diagonales.

Indique les outils que tu as utilisés.

2. Construis un parallélogramme EFGH dont les diagonales EG et FH mesurent respectivement 4 cm et 8 cm et dont les côtés opposés EF et GH mesurent 5 cm. **Dessine** d'abord un parallélogramme à main levée et **place** ses diagonales.

Indique les outils que tu as utilisés.

Nom : ....

Date : ....

Dans cette fiche, tu vas devoir reproduire une figure complexe.

1 **Termine** la reproduction de cette figure **en utilisant uniquement** l'équerre, le double décimètre et la règle.

Tu as besoin :
- *d'une équerre ;*
- *d'un double décimètre ;*
- *d'une règle.*

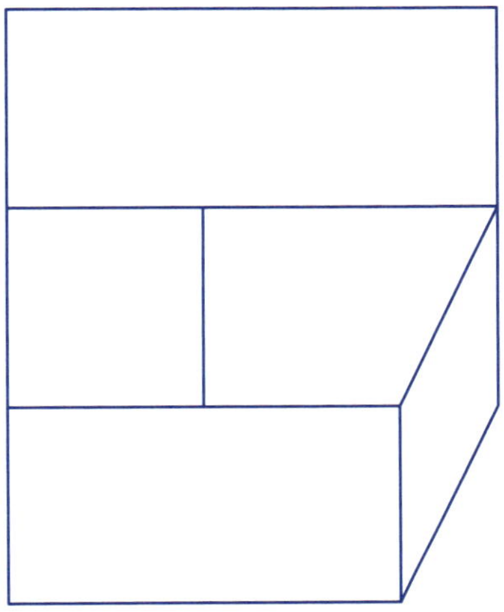

2 **Reproduis** la figure **en utilisant uniquement** l'équerre, le compas et la règle.

Tu as besoin :
- *d'une équerre ;*
- *d'un compas ;*
- *d'une règle.*

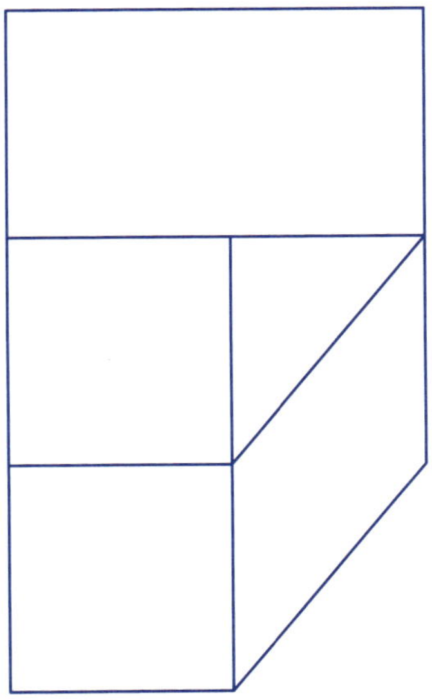

POUR ALLER PLUS LOIN

Tu as besoin :
- *de gabarits ;*
- *d'un double décimètre ;*
- *d'une règle.*

1. Reproduis la figure **en utilisant uniquement** les gabarits que tu auras fabriqués, le double décimètre et la règle.
(Tu peux te reporter à l'aide de la fiche 25.)

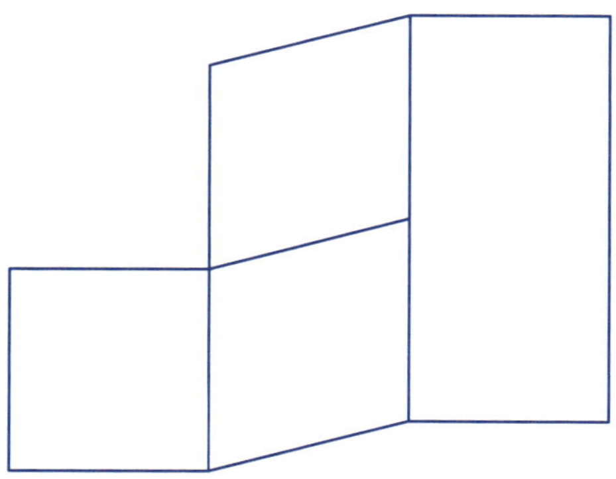

2. Reproduis la figure en utilisant les outils de ton choix.

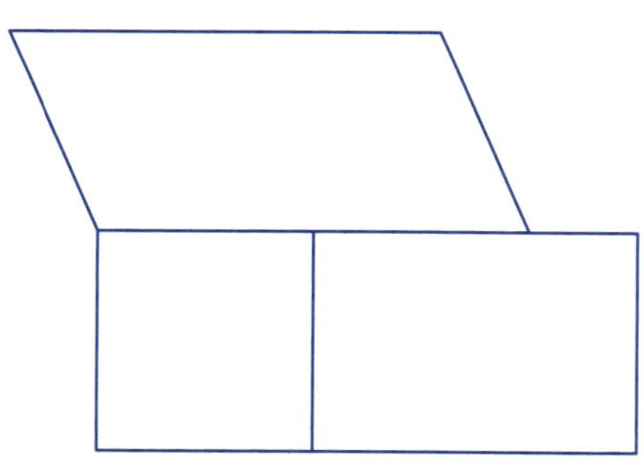

J'ai utilisé les outils suivants :

....

....

....

....

....

Si tu as eu des difficultés, **écris**-les.

....

....

....

....

....

Nom : ....

Date : ....

Dans cette fiche, tu vas devoir tracer des figures géométriques composées de cercles et d'arcs de cercle.

1 En utilisant ton compas, **reproduis** la figure ci-dessous.

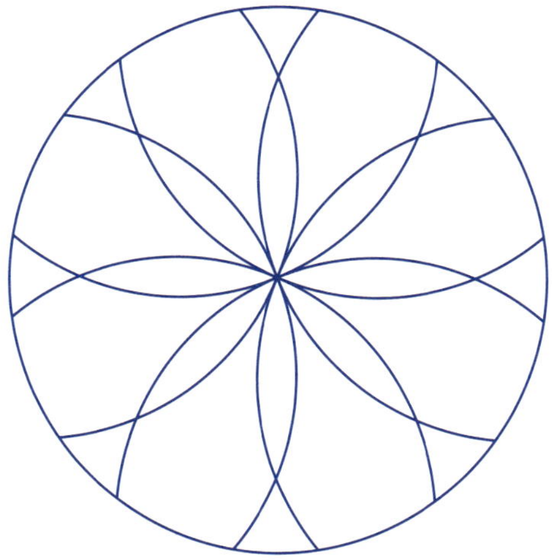

Explique comment tu as procédé.

....

....

....

....

2 **Fabrique** une cible.
Suis les consignes suivantes :

- **Trace** un cercle de centre O et d'un rayon de 2 cm.
- Puis **trace** un nouveau cercle de centre O et d'un rayon de 3 cm.
- Puis, suivant la même technique, **trace** successivement un cercle de 4 cm de rayon et un de 5 cm de rayon.

Tu as obtenu 4 cercles qui ont le même centre : ce sont des **cercles concentriques**.

O•

Colorie ta cible.

POUR T'AIDER

L'utilisation du compas permet des tracés précis, mais il faut qu'il soit en bon état de fonctionnement.
Pour cela :
– **vérifie** si la mine est bien aiguisée, sinon ton trait sera trop épais ;
– **vérifie** si l'écrou tenant les deux branches est suffisamment serré, sinon elles s'écarteront lors du tracé.

Comment tracer un cercle dont le rayon mesure 3 cm ?

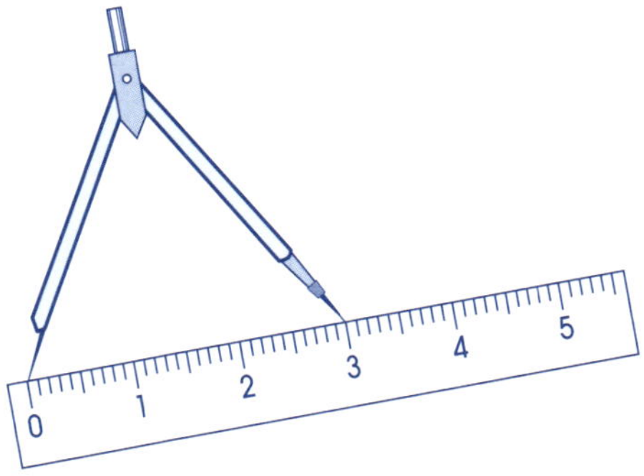

Trace ce cercle.

POUR ALLER PLUS LOIN

Suis les consignes suivantes :

Tu as besoin :
- *d'une équerre ;*
- *d'un double décimètre ;*
- *d'un compas.*

- À l'aide de ton équerre, **trace** 2 droites perpendiculaires se coupant en O.
- À l'aide de ton compas, **trace** un cercle de centre O et d'un rayon de 2 cm. Le cercle coupe les droites perpendiculaires respectivement en A, B, C et D. **Marque** les points A, B, C et D.
  Colorie en jaune le disque obtenu.
- **Trace** successivement à l'extérieur du disque 4 arcs de cercle d'un rayon de 1 cm et 5 mm et de centre A, de centre B, de centre C et de centre D de façon que ces arcs se coupent.

***Fais** d'abord le tracé à main levée.*

Nom : ....

Date : ....

Dans cette fiche, tu apprends à construire et décrire des figures géométriques.

1 Voici des consignes de construction et le tracé correspondant. Les lettres n'ont pas été placées sur ce tracé. **Écris**-les au bon endroit.

Consignes de construction :

- **Trace** un rectangle ABCD de 4 cm de longueur et de 2 cm de largeur.
- Sur le côté AB, **place** le point E tel que EB = 1 cm.
- **Trace** le segment DE.
- **Trace** un cercle de centre E et de rayon égal à la mesure du segment EC.

Le cercle coupe le segment DE en F, le segment CD en G et le segment AB en H.

Tracé

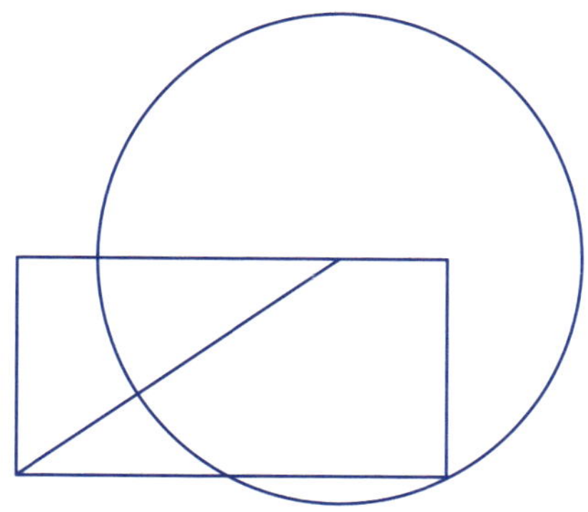

2 **Construis** une figure.

Consignes :

- **Trace** un carré ABCD de 4 cm de côté.
- **Trace** les diagonales qui se coupent en O.
- **Trace** le cercle de centre O et de rayon OA.

Rappel :
Les diagonales joignent les sommets opposés.

Tracé à main levée

3 **Écris** les consignes de construction de la figure ci-dessous.

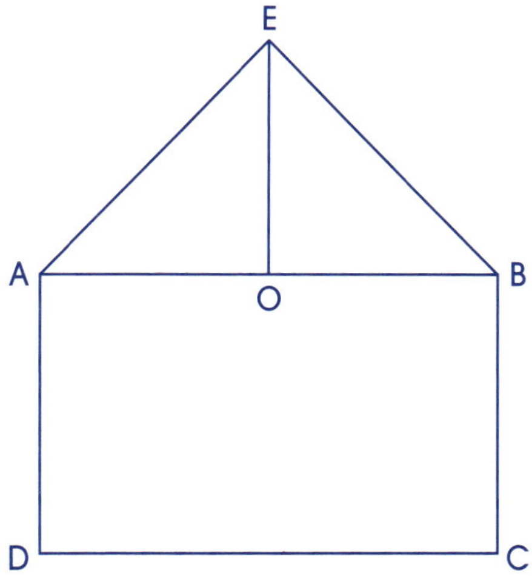

....
....
....
....
....
....
....
....

POUR T'AIDER

1. Voici une figure.
Trois descriptions sont proposées.
Colorie en bleu la bonne description.

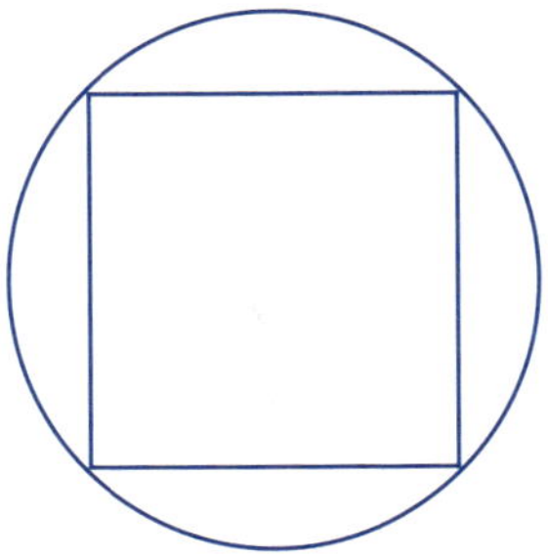

Description n° 1 :
Le cercle est dans un carré de 2 cm et 5 mm de côté.

Description n° 2 :
Le carré de 2 cm et 5 mm de côté est dans un cercle.

Description n° 3 :
Le carré de 5 cm de côté est dans un cercle.

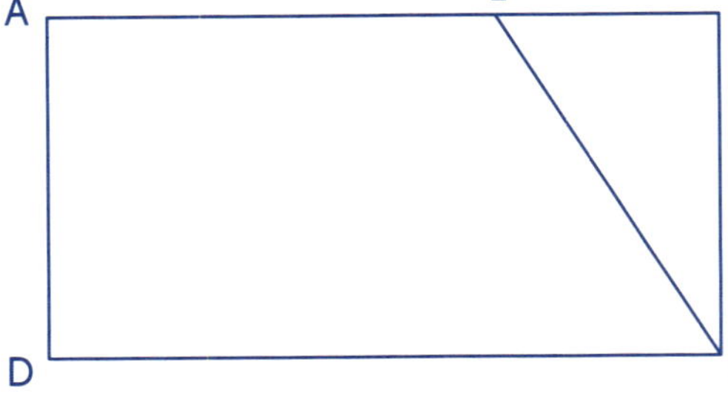

2. Complète les consignes permettant la construction de la figure ci-dessus.

- **Trace** un .... ABCD
de .... cm de longueur et
de .... cm de largeur.
- **Marque** le .... E tel que
le segment EB mesure .... cm.
- .... le segment EC.

POUR ALLER PLUS LOIN

Tu vas construire une figure simple et écrire les consignes correspondantes très précises.

N'oublie pas de marquer les lettres correspondant aux points.
Tu pourras ensuite donner ces consignes à un de tes camarades.
S'il peut refaire ta figure, c'est que tu as donné des consignes avec toutes les précisions nécessaires.

- **Construis** ta figure sur une feuille de papier uni.
- **Écris** les consignes correspondantes.

....

....

....

....

....

....

....

....

....

....

Nom : ....

Date : ....

Évaluation

1 **Reproduis** cette figure en utilisant les outils de ton choix.

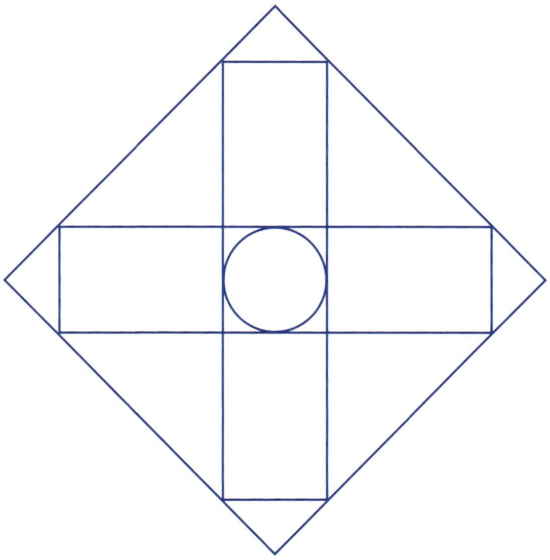

Indique les outils que tu as utilisés : ....

2 **Construis** la figure qui a les mesures suivantes :

- un carré ABCD de 3 cm de côté ;
- un rectangle BEFC de 5 cm de longueur et de 3 cm de largeur ;
- un cercle de centre C et de rayon 1,5 cm.

3 **Écris** les consignes de construction de la figure ci-dessous.

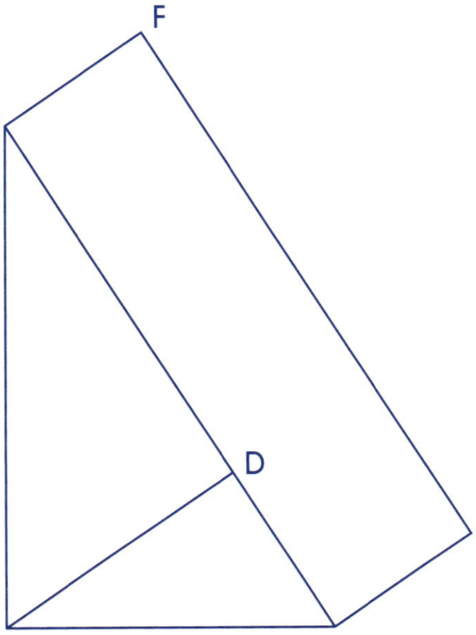

....

....

....

....

....

....

....

....

....

4 Pierre a réalisé une figure complexe.
Trace-la en suivant les consignes qu'il a écrites.

- **Trace** un carré de 4 cm de côté.
- **Marque** le milieu de chaque côté.
- **Trace** un demi-cercle extérieur au carré, ayant pour centre le milieu de chaque côté et un rayon de 2 cm.

Tracé à main levée

ÉVALUE-TOI

	oui	*non*
a. Je sais reproduire une figure géométrique complexe.	❏	❏
b. Je sais tracer une figure de dimensions données.	❏	❏
c. Je sais écrire les consignes de construction d'une figure.	❏	❏
d. Je sais tracer une figure en suivant des consignes.	❏	❏

Écris les difficultés que tu as eues pour faire :

l'exercice n° 1 : ....

l'exercice n° 2 : ....

Nom : ....

Date : ....

Dans cette fiche, tu vas réaliser une sculpture moderne à l'aide de solides.

1 **Fabrique** les solides à l'aide des patrons ci-dessous. (**Attention** : les languettes de collage ne sont pas dessinées. À toi de les prévoir.)
Puis, **colle**-les sur le plan aux endroits prévus (la face que tu dois coller est marquée d'un **F** sur le patron).

Pour la construction des solides, ***reprends*** *la technique de fabrication des polyèdres (fiche n° 16 et n° 17).*

Tu as besoin :
- *d'une paire de ciseaux ;*
- *d'une feuille de bristol ;*
- *d'une règle ;*
- *d'un crayon à papier ;*
- *de colle ;*
- *de crayons de couleur ou de feutres.*

Découpe le plan et **colle**-le sur une feuille de bristol.

Colorie :
- en bleu les faces carrées ;
- en rouge les faces rectangulaires ;
- en jaune les faces triangulaires.

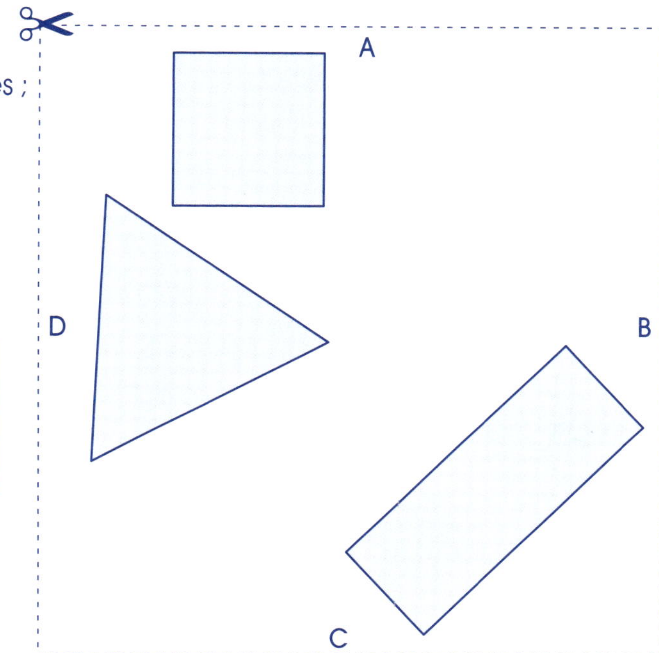

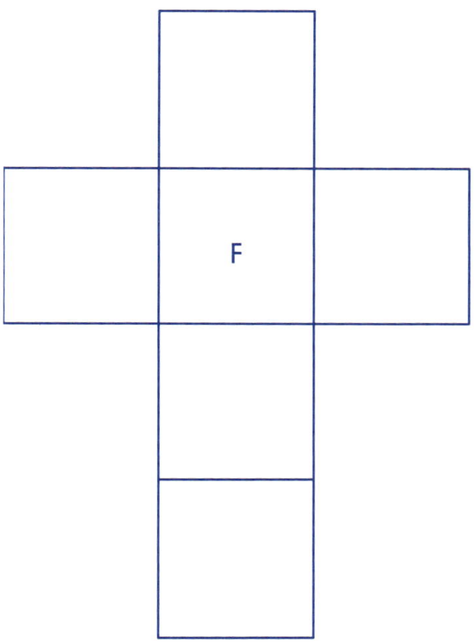

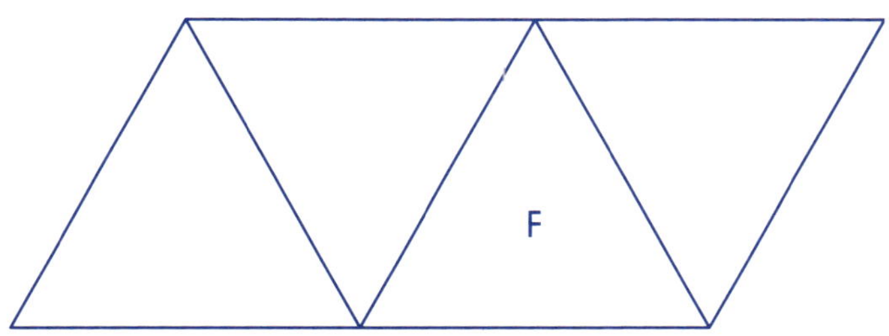

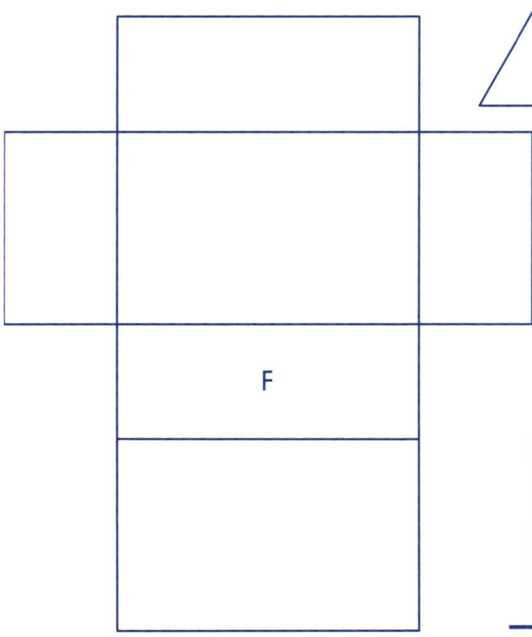

Voici une vue de profil de ta réalisation.
Elle a été observée du coté ....

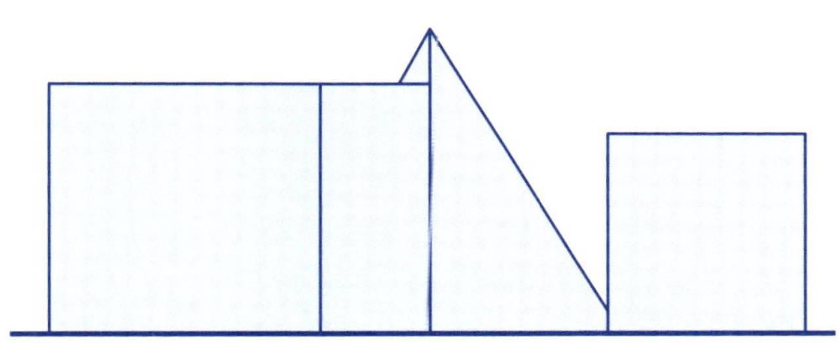

2 Tu vas en réaliser une autre en suivant les mêmes consignes.
Colorie les faces des solides à ta guise.

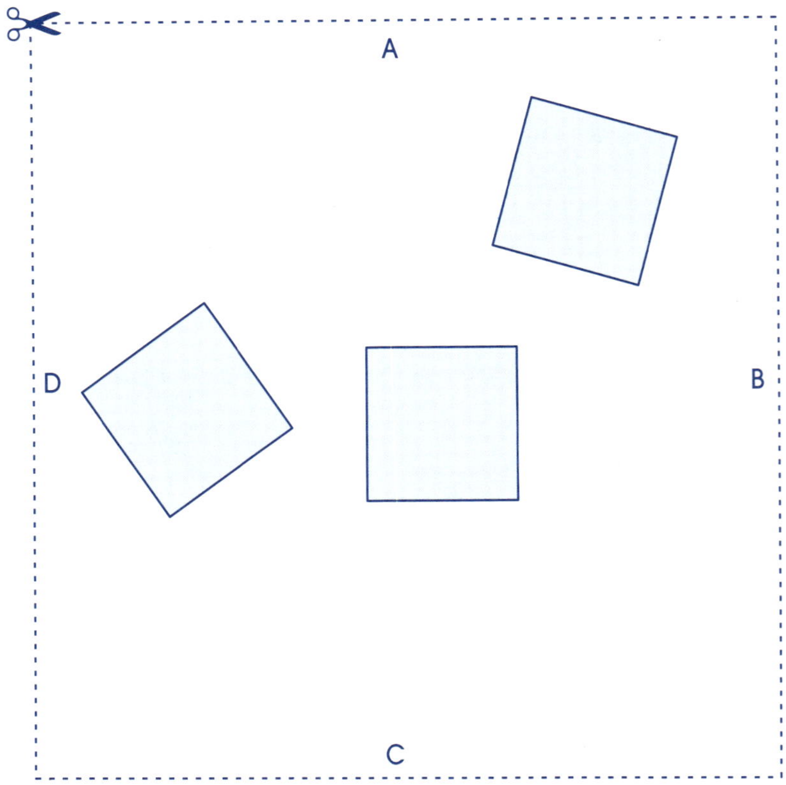

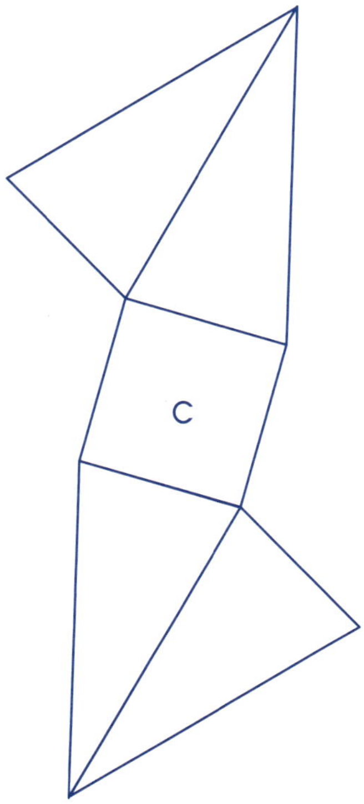

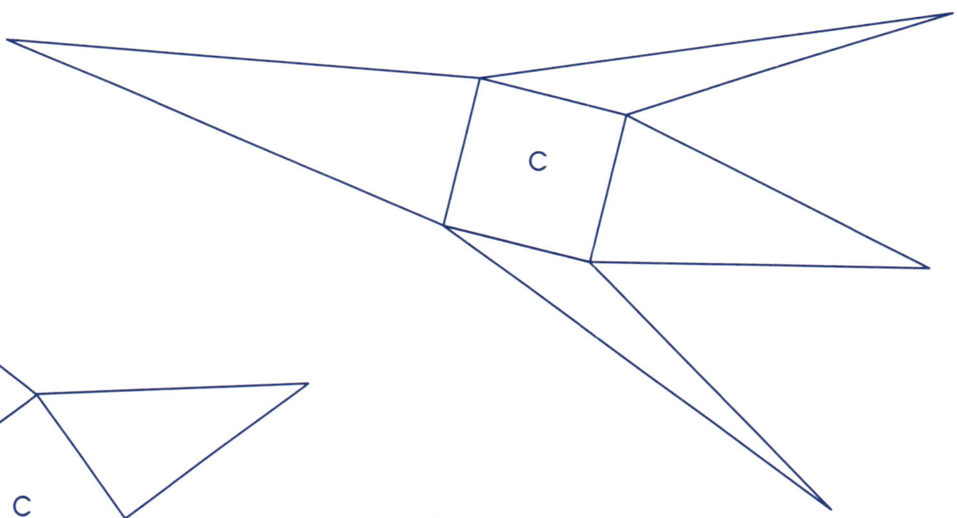

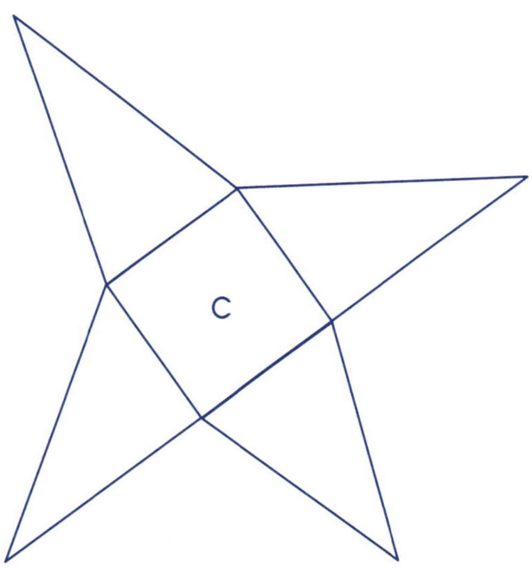

Voici la composition que tu devrais voir du côté C.

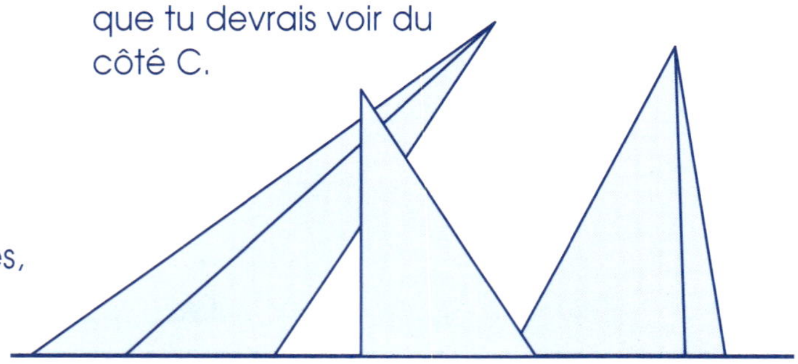

Avec les solides dont tu disposes, **invente** d'autres compositions. **Fais**-en le plan.